self

HOME
STYLING

일상을 바꾸는 홈 스타일링

Prologue

홈 스타일링은 곧 라이프 스타일을 디자인하는 것이다.

주거 공간은 생활하는 사람의 일상과 취향, 성격이 담기는 곳이다. 무엇을, 어디에, 어떻게 두는지에 따라 일상도 변하기 때문에 홈 스타일링은 라이프 스타일을 디자인하는 것과 같다. 그래서 인테리어 디자이너보다 라이프 스타일 크리에이터로서 공간과 사람을 함께 들여다보고 있다.

실내 환경 디자인을 전공하면서 단순히 도면과 3D 작업을 다루는 데 그치지 않고 관찰력과 분석력을 길러 졸업 후 공간 기획 및 브랜딩 일을 하게 되었다. 실내를 보기 좋게 꾸미기만 하는 것이 아니라 주변 인프라, 유동인구의 연령층이나 성격, 트렌드로 이어지는 흐름을 읽고 차별화된 경험을 제공하기 위해 공간에 스토리를 담아내는 일이다. 좋은 결과물과 성과를 이루는 공간을 만든다는 자부심을 가지고 쌓은 다양한 관점은 오늘날 주거 공간을 계획하는 일에도 도움이 되었다.

결혼 후, 늘 응원해 주는 배우자 덕분에 재택근무를 하며 유튜브를 시작했다. 그때 업로드한 신혼집 '랜선 집들이' 영상이 지금의 나를 만들었다. 상경하고 구한 첫 신혼집은 작은 전세 빌라였지만 그 안에서 두 사람의 라이프 스타일을 존중하면서도 함께 하는 생활을 그려가는 과정이 마냥 설레었다. 부부의 성향을 고려하면서 물건을 깔끔하게 수납하고 매일 치우지 않아도 쾌적하게 유지할 수 있는 효율적인 방법을 고민했다. 아울러 저예산으로도 보기 좋은 공간을 만들었다는 점이 많은 사람의 관심을 얻었다. 동시에 주거 공간을 개선하고 싶지만 본인의 상황을 고려해 풀어나가는 과정을 어려워하는 사람이 많다는 걸 알게 되었고, 홈 스타일링을 통해 타인의 일상을 디자인하게 되었다. 예전부터 문제 해결을 위해 새로운 방법을 고민하기를 즐겼던 내게 타인의 주거 공간과 생활을 스타일링해 주는 일은 이른바 '덕업일치'라고 할 수 있다.

사람이 살아온 환경이 모두 다르듯이 주거 공간도 모두 다르다. 같은 집이라도 거주자에 따라 전혀 다른 모습이 된다. 그렇기에 집을 꾸미는 데 있어서 맞고 틀린 것은 없다. 다만 상황에 맞춰 응용하거나 더 나은 방향으로 생각하게끔 도울 순 있다. 보여주기 급급한 SNS 감성 집보다는 지낼수록 만족하는 실용적인 집을 꾸리는 방법을 공유하고 싶다.

소중한 일상을 지키는 가치 있는 변화를 꿈꾸다.

코로나 19 이후 집에 머무르는 시간이 늘면서 자연스럽게 집 꾸미기에 대한 관심이 높아졌다. 여기에 라이프 스타일을 중시하는 흐름이 생기면서 홈 오피스, 홈 카페, 홈 짐, 홈 라이브러리 등 주거 공간에 다양한 기능을 요구하게 되었다.

"좁은 공간에 필요한 것들을 다 넣을 수 있을까?"

"예산이 적어서 예쁜 집 꾸미기는 어렵겠지."

"내 집도 아니고 나갈 때 원상 복구도 해야 할 텐데."

이처럼 집 꾸미기를 주저하게 만드는 고민이 있을 것이다. 하지만 주거 공간은 소중한 나의 일상을 시작하고 마무리하는, 가장 나다울 수 있는 무척 중요한 장소다. 집을 꾸미는 것은 삶을 더 가치 있게 만들어 주는 일임을 강조하고 싶다.

구옥, 좁은 공간, 한정된 예산, 기존에 있던 가구를 사용하더라도 괜찮다. 개성을 존중하고 라이프 스타일을 고려한 현명한 계획으로 충분히 로망을 실현할 수 있다. 직접 꾸미고 가꾸며 스스로의 고민과 손길이 담긴 만큼 집에 애정을 갖게 되고, 삶의 질이 높아질 것이다. 집은 과거를 추억하고, 현재를 즐기며, 미래를 바꿀 수 있는 힘이 되기에 '내 집도 아닌데', '잠만 자는 곳'이라는 생각을 바꾸어 일상 속 위안과 평온을 누릴 안식처가 되길 바란다.

홈 스타일링을 하다 보니 자신의 방조차 꾸며본 적 없는 사람이 많았다. 그들에게는 집을 보기 좋게 꾸미는 것보다 무엇부터 시작해야 할지, 어떻게 계획해야 하는지가 더 큰 고민이었다. 그래서 이 책은 H, O, M, E라는 키워드로 실제 홈 스타일링 과정을 시작부터 마무리까지 4가지 주제로 정리했다. H 파트 **Have to**는 시작을 위한 준비로, 필요한 사전 작업과 요령 및 방법을 알려 준다. 주어진 공간을 어떻게 활용할지 현명한 계획을 세우는 고민의 과정이다. O 파트 **Option**은 앞선 고민을 토대로 공간별 가구 배치와 다양한 실제 사례를 수록했다. M 파트 **Mood**는 단점을 보완하며 감각적인 분위기를 더하는 방법을 언급한다. 적은 예산으로 최적의 효과를 볼 수 있는 셀프 인테리어와 현실적인 팁을 담았다. E 파트 **Effect**는 생활을 개선할 수 있는 가장 효과적인 정리수납 방법과 아이디어로 마무리했다.

이렇게 쾌적하게 유지하기 쉬운 집을 만드는 솔루션을 제시했다. 본인의 상황에 맞게 참고할 수 있는 현실적인 예시가 될 것이다. 주어진 공간을 실용적으로 활용하고 적은 예산으로도 충분히 만족할 수 있는 홈 스타일링 가이드로서 도움이 되길 바란다. 특히 이 책이 집을 보기 좋게 꾸미는 것을 넘어 몸과 마음을 충전할 수 있는 공간으로 변화를 시도할 계기와 용기가 되었으면 좋겠다. 모두가 각자 만족할 수 있는 집에서 지내길 응원한다.

심지혜

Contents

Prologue

PART 2. Option

공간 활용을 위한 선택

Contents

PART 4. Effect

생활을 바꾸는
효과적인 정리수납

Have To

part

01
홈 스타일링
그 시작을 위한 준비

01 주거 공간 상태 파악하기

좋은 주거 공간은 삶의 질을 높인다. 여기서 말하는 좋은 주거 공간이란 깨끗한 신축 건물에 넓은 평수나 비싼 가구로 채워진, 보기에 멋진 집을 의미하는 것이 아니다. 나의 일상을 평온하게 해줄 '나를 담은 집'을 말한다. 최상의 환경이 아니더라도 최소한의 예산으로 충분히 본인의 감성을 충족시키면서 실용적인 집을 꾸밀 수 있다. 집을 꾸미는 일은 많은 비용을 투자해야 하거나 전문적인 노동이 필요한 것도 아니다. 자신을 위해 더 나은 주거 공간을 만드는 일은 스스로에게 관심을 갖고 들여다보면서 주어진 공간을 어떻게 활용할지 생각하는 것부터 시작한다. 현실적으로 가능한 범위 안에서 어떻게 해야 할지 시작부터 막막한 사람들을 위해 실행하기에 앞서 해야 하는 고민과 필요한 준비 과정을 소개한다.

1 둘러보고 체크하기

가장 먼저 집을 둘러보며 개선하고 싶은 문제점이나 장단점 등을 미리 체크하면서 상태를 파악한다. 고장이나 파손 등 집 자체에 보수가 필요한 부분이 있는지, 마음에 들지 않거나 노후되어 바꾸고 싶은 부분이 있는지 살펴본다. 자신의 집이 아니라면 보수가 필요한 부분은 집주인에게 요청하고, 직접 손볼 곳도 원상 복구가 불가능한 작업은 집주인과 상의가 필요하다.

다음으로 기본적으로 필요한 가전·가구 중 구매가 필요한 목록을 파악해야 한다. 이사를 하는 경우 옵션으로 갖춰진 가전·가구는 어떤 것이 있는지 체크하고 사용하던 가구 중 활용할 것과 교체가 필요한 것을 체크해서 추가로 구매해야 할 목록을 정리한다.

거주하는 집의 분위기와 환경을 개선할 때도 버리거나 구입이 필요한 것들을 체크하는데, 직접 배치를 옮겨보면서 추후에 결정해도 된다. 꼭 가구 배치를 바꾸거나 새것으로 교체하지 않더라도 유지 관리가 편한 방식으로 물건 정리만 다시 해도 생활이 개선되고, 패브릭이나 작은 소품만 교체해도 새로운 분위기로 전환할 수 있다.

공간을 효율적으로 활용하기 위해 가장 중요한 것은 평면 배치 작업이다. 이때 평면도를 준비하면 위치를 여러 번 옮기지 않고도 다양한 배치를 계획할 수 있다. 새로운 집으로 이사를 하는 경우라면 가전·가구 계획을 세울 수 있도록 미리 방문하여 공간의 구조와 규모, 상황을 확인하고 평면도에 실측 사이즈를 메모하는 것이 좋다.

현관부터 전체 공간에 대한 구조를 눈에 보이는 대로 대략적으로 그려서 각각 실측한 길이를 적어둘 수도 있지만 평면도를 준비해 두면 실측한 사이즈를 적기 편하고 정확한 구조 파악이 용이하다. 평면도는 온·오프라인에서 구할 수 있는데, 먼저 온라인으로는 아파트나 오피스텔의 경우 부동산 정보와 연동되는 네이버, 다음과 같은 포털사이트나 한방(한국공인중개사협회 부동산 사이트 및 앱 서비스)에서 이름을 검색하면 각 단지의 면적별 평면도를 확인할 수 있다. 건축행정시스템 '세움터'는 빌라 평면도까지 제공하고 있다. 임대차 계약서 스캔본을 준비해서 <u>민원서비스 → 발급서비스 → 건축물현황도 발급 → 비회원 로그인 가능 → 본인 소유가 아닌 건축물 신청하기 → 주소검색 → 단위세대평면도 클릭 → 발급 or 열람 신청</u>을 하면 된다. 단, 1992~1993년 이전 건축물은 등재되어 있지 않다. 온라인에서 구할 수 없는 경우 관리사무소나 계약을 진행한 부동산에서 확인한다. 또, 가까운 행정복지센터(주민센터)에 임대차 계약서와 신분증을 들고 가면 계약한 집에 대한 건축물 평면도를 열람할 수 있다.

평면도는 발코니 확장이나 기둥 위치 변경 등 건축 공사로 인해 실제 완공된 모습과 다를 수 있고, 평면도에 기재된 건축 치수는 벽체 중심을 기준으로 하고 있어 실제 가구를 둘 수 있는 내부 치수와 차이가 있으니 직접 줄자로 실측하고 평면도에 치수를 메모한다.

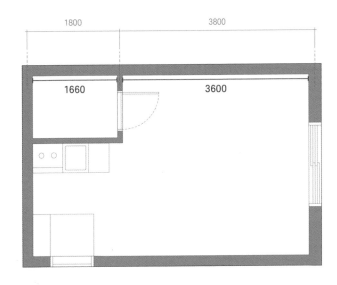

하늘색 선 : 건축 도면 치수
빨간색 선 : 실제 실내 치수

이사할 집에 이전 거주자가 있다면 양해를 구하고 공간별로 큰 틀을 책임지는 가로세로 길이라도 실측하길 권한다. 최소한 공간 크기라도 파악이 돼야 부피가 큰 가구의 위치와 공간 활용을 계획할 수 있고, 가구를 두세 번 옮기는 수고를 던다. 정확한 치수를 미리 체크하지 못했을 때는 부피가 큰 메인 가구를 우선 배치하고 나머지는 이사 후 자리를 결정한다. 필요한 가구라도 남는 공간을 정확히 체크하고 구매해야 실패하지 않는다.

▶ 실측 기준

① **단위** : 사이즈를 표시할 때는 단위를 통일한다. 실제 평면도나 상세 페이지에 적힌 가구 사이즈는 ㎜ 단위를 사용하지만, 직접 표시할 때는 숫자가 더 간략한 ㎝로 표시해도 좋다.

② **측정 위치** : 대부분 바닥과 벽면이 맞닿는 부분에 걸레받이, 몰딩이 있어서 가구 배치를 할 때 벽에 밀착되지 않는다. 그래서 실측은 실제 가구를 배치할 수 있는 바닥을 기준으로 하는 것이 좋다. 우리 눈에는 반듯한 사각형으로 보여도 실제 바닥을 실측하면 마주 보고 있는 벽의 사이즈가 다른 경우가 많다. 한쪽만 측정 후 반대쪽 벽의 가구를 고르면 오차가 생길 수 있으니 모든 면을 각각 측정하도록 한다. 또한 본인이 실측한 사이즈에 오차가 생기면 1~2㎝ 차이로 가구를 배치할 수 없는 상황이 생길 수 있으니 사이즈에 딱 맞추기보단 최소 2㎝ 이상의 여유를 남겨두고 생각하는 것이 좋다.

③ **문, 창문** : 방문이나 창문의 문틀(몰딩:m)은 벽과 헷갈리지 않도록 벽과 분리해서 실측하고, 문틀 치수는 별도로 적어두면 좋다. 문틀까지 가구를 꽉 채우지 않는 것을 우선으로 하지만 좁은 집은 문틀의 2~8㎝까지 벽으로 알뜰하게 사용해야 할 경우도 있다. 벽 길이가 부족할 때 체크해 둔 문틀이 벽으로 활용할 수 있는 여유 사이즈가 된다. 방문을 열고 닫기 위한 자리는 가구를 배치할 수 없어서 문이 열리는 방향과 문의 가로 사이즈도 체크한다. 창문은 가구 배치로 인해 가려지지 않도록 창문의 상하좌우, 여백까지 모두 실측하는 것이 좋다.

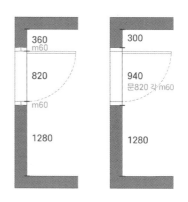

④ **천장** : 커튼을 설치할 위치를 측정할 때 커튼 박스가 있다면 커튼 박스를 포함한 높이와 커튼 박스가 없는 부분의 천장 높이를 따로 측정한다. 커튼 설치 외에도 옷장과 같은 가구를 배치할 때 높이가 충분한지 체크하기 위해 필요하다. 천장 역시 위치에 따라 높이 차이가 나는 경우가 있으니 가벽을 설치할 계획이라면 이사 후 실제 설치될 위치를 측정하도록 한다.

4 공간 촬영하기

이사할 집은 사진이나 영상으로 찍어 두면 도움이 된다. 이때 벽면의 2~3면이 함께 보여야 공간을 파악하기 쉬우니 가로로 촬영하는 것이 좋다. 공간이 좁을수록 가로로 촬영할 때 천장, 벽, 바닥이 다 나오지 않아서 세로로 촬영하는 사람이 많은데 요즘은 폰 카메라도 광각 기능이 있어서 0.5배로 촬영하면 천장과 바닥까지 충분히 잘 담긴다. 사진은 최대한 코너 벽에 붙어 서서 가장 먼 대각선 방향으로 찍는 것이 보이는 면적이 넓어서 전체적인 공간 파악이 용이하다. 영상은 모든 문을 열어 현관부터 시작하고 걷는 동선을 따라 가까이 등장하는 공간부터 벽 4면을 다 담을 수 있도록 한 바퀴 돌면서 촬영한다.

촬영한 사진이나 영상으로 두꺼비집, 조명 스위치, 인터폰, 보일러 컨트롤러와 같이 사용해야 하는 요소의 위치를 확인하면 가구 배치로 인해 사용 요소가 가려지지 않도록 계획할 수 있다. 콘센트 위치를 파악해 두면 전기가 필요한 것들을 어디에 두고 사용할지, 멀티탭이 필요하다면 어느 방향으로 둘지, 길이는 어느 정도가 적당한지 미리 준비할 수 있다. 멀티탭은 가구나 가전 배치 전에 미리 꽂아두면 편하다. 대략적으로 눈에 보이는 위치를 평면도에 표시해 두면 매번 사진이나 영상을 확인하지 않아도 된다.

▲ 창문 및 주변 실측

▲ 사용 요소, 콘센트 파악

평면도 & 3D 만들기

평면도나 입체적인 작업을 통하면 막연히 머리로 상상할 때보다 정확하게 배치할 수 있다. 하지만 AutoCAD(오토캐드), EdrawMAX(이드로우맥스) 등 2D 작업 프로그램이나 3ds Max, sketchup(스케치업) 등 3D 작업 프로그램과 같은 전문 프로그램은 설치부터 기능 활용까지 하루 이틀 배워서 사용하긴 어렵다. 필자는 일러스트에서 실측 사이즈대로 도형을 그려서 평면도를 만들고, 스케치업으로 3D를 만들어 공간을 확인한다.

요즘은 초보자도 쉽게 평면도를 그리고 3D까지 구현 가능한 무료 프로그램이 있어 실제로 의뢰인들이 직접 프로그램을 사용해서 그린 평면도나 3D를 먼저 보여주기도 한다. 누구나 쉽게 사용할 수 있도록 직관적으로 되어 있고, 평면도만 만들어도 3D까지 확인이 가능해 공간 구성에 매우 도움이 된다.

일러스트 평면도

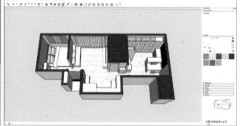
스케치업 3D

▶ **사용이 간편한 무료 프로그램**

• **오늘의집 3D 인테리어** : 라이프스타일 앱 '오늘의집'의 서비스로, PC에서 '오늘의집 3D 인테리어'를 검색하면 바로 접속이 가능하고, 도면 찾기 기능으로 도면을 불러올 수도 있다. 프로그램 안에서 가구나 소품을 배치할 수 있어 편하고, 자동으로 3D까지 만들어진다.

www.ohouse.archisketch.com

• **코비하우스VR** : 코비하우스VR 역시 도면을 그리고, 가구나 소품을 배치한 후 3D로 확인할 수 있다. PC 버전, 앱 버전이 있다.

www.kovihouse.com

• **기타** : 3D 집 꾸미기(룸 플래너, Room Planner), magicplan(매직플랜), Home Design 3D 등이 있다. 앱에 따라 무료 이용에는 일부 한계가 있어서 결제해야 더 다양한 활용이 가능하다.

▶ 익숙한 프로그램 활용

- **파워포인트** : 일러스트에서 작업하는 방식처럼 실측한 사이즈로 도형을 그려서 공간을 조합하고, 가구 크기를 그려서 배치할 수 있다. 도형 사이즈를 확인할 수 있어 실측 사이즈를 별도로 기입하지 않아도 된다.
- **그리드 종이** : 실제 그리드 종이에 펜으로 그리거나 패드, 탭에서 그리드 종이를 배경 이미지로 깔아두고 그린다. 한 칸을 5cm나 10cm로 기준을 정해두면 스케일 자 없이 그릴 수 있으나 정확한 치수는 적어두는 것이 좋다. 완성된 평면도는 여러 장 복사하여 사용하거나 비치는 트레이싱지를 위에 대고 그려 다양한 배치를 할 수 있다.
- **엑셀** : 셀 한 칸의 폭과 높이를 수정해서 그리드 종이처럼 만들고 셀을 합치거나 테두리선, 면을 채우는 것으로 평면도를 그릴 수 있다. 사이즈를 가늠하기 위해 실측 사이즈는 기입해 두는 것이 좋다.

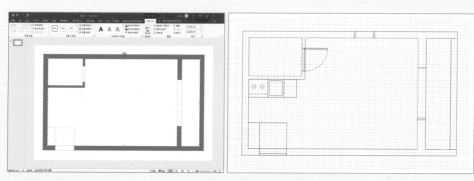

파워포인트 평면도   그리드 종이 평면도

※ 평소에 능숙하게 다루는 프로그램이 없다면 그리드 종이를 활용해서 직접 그리거나 '오늘의집 3D 인테리어' 같은 무료 프로그램을 활용하는 것이 가장 간편하다.

02 라이프 스타일과 취향 파악하기

1 라이프 스타일 체크하기

"나에게 가장 필요한 공간과 이루고 싶은 로망은 무엇인가?"

거실엔 소파, 주방엔 식탁. 남들처럼 했는데 막상 지내다 보니 소파가 있어도 바닥에 앉고, 식탁보단 TV 앞에 좌식 테이블을 펼쳐 밥을 먹는다. 이렇게 자신의 라이프 스타일이 고려되지 않은 정형화된 구성은 사용하지 않을 가구에 비용과 공간을 낭비하는 일이다. 더구나 제 기능을 하지 못하는 가구 위에는 어느새 짐이 쌓일 것이다.

오늘날 집은 단순히 휴식, 식사, 수면을 이루는 주거 역할을 넘어 일과 여가 등 새로운 기능이 요구되고 있다. 집에 요구되는 로망이 다양해지는 만큼 각 공간이 제 역할을 할 수 있도록 주어진 공간과 가능한 예산 안에서 현명한 계획이 필요하다. 공간이 넓고 방이 여러 개 있다면 각각의 기능을 부여하면 되지만 그렇지 못한 경우가 많을 것이다. 꼭 필요한 것은 무엇인지, 불필요하거나 대체 가능한 것은 무엇인지 생각해 보고 자신에게 더 의미 있고 가장 많은 시간을 보내는 활동이 이뤄지는 메인 공간을 우선순위로 둔다. 우선순위의 공간을 잘 갖추어두면 후순위의 공간에 비용을 절약해도 전체적인 만족감으로 이어지고, 삶의 질이 향상될 수 있다.

자신의 라이프 스타일을 파악해서 가장 필요한 공간과 실현하고 싶은 로망에 대해 우선순위와 이유가 정리되면, 본격적으로 공간을 계획하는 단계에서 침실 겸 옷방/작업실 겸 옷방/거실 겸 다이닝룸/거실 겸 홈 라이브러리 등 공간 활용과 가구 배치에 대한 답을 내리기 쉬워진다.

Check List

01	예상하는 거주 기간	
02	미니멀한 편이다. vs 맥시멀한 편이다.	
03	좌식 생활이 편하다. vs 입식 생활을 선호한다.	
04	TV를 보며 소파에서 휴식을 취한다. vs TV를 보며 식사하는 것이 더 중요하다.	
05	집은 나만의 휴식 공간이다. vs 집으로 지인을 초대해 즐기는 편이다.	
06	침실 공간이 넓었으면 좋겠다. vs 활동 공간이 넓고, 침실은 아늑해도 상관없다.	
07	가족 구성원에 따른 공간이 필요하다(반려동물이 있다).	
08	컴퓨터 사용(듀얼 모니터 사용 유무) vs 노트북 사용(모니터 추가 사용 유무)	
09	작업 공간(서재)이 필요하다.	
10	옷이 많아 별도의 드레스룸이 필요하다.	
11	홈트를 할 수 있는 영역이 필요하고 운동 관련 장비나 용품이 있다.	
12	수집이나 취미 활동을 위한 영역과 관련 장비의 수납이 필요하다.	
13	요리를 즐겨 하고 주방 가전과 조리 도구, 식기 등 주방 용품이 많다.	
14	감성적인 홈 카페, 분위기 있는 홈바 등 원하는 특별한 공간이 있다.	
15	중요시하는 영역(거실, 주방, 침실, 작업실, 옷방 등) 우선순위 나열	
16	깔끔한 분위기를 선호한다. vs 감성적인 분위기를 선호한다.	
17	커튼을 선호한다(암막 기능 필요 유무). vs 블라인드를 선호한다.	
18	필요한 분리수거함 / 빨래 바구니 단수	
19	드라이기 사용 위치(화장실, 화장대, 옷방 등)	
20	좋아하는 컬러나 패턴, 소품 등 취향	

집을 꾸밀 때는 개인의 취향을 반영한 컨셉이 필요하다. 뚜렷한 취향을 가진 사람은 방향을 잡기 편하지만 그렇지 못한 경우는 잡지나 인터넷으로 다양한 인테리어 자료를 접하면서 안목을 넓히고 새로운 아이디어를 얻으면 된다. 또한 나와 비슷한 공간에 거주하는 사람들의 집을 관찰하면 실질적인 도움이 된다. 요즘은 유튜브에도 랜선 집들이나 룸 투어 영상이 많고, '집꾸미기', '오늘의집' 같은 관련 커뮤니티나 핀터레스트, 인스타그램, 블로그 등 다양한 채널을 통해 쉽게 자료를 접할 수 있다. 집의 규모, 구조에 따라 혹은 거실, 침실, 작업실 등 공간의 성격에 따라 참고할 만한 자료를 모아보자. 모아 둔 자료를 보면 공통된 취향이 보일 것이다. 취향에 따라 전체적인 무드를 정하고, 다양한 취향도 적절히 믹스하면 조화로운 결과물을 얻을 수 있다.

① 컬러

공간에서 차지하는 면적이 높은 순으로 베이스 컬러, 메인 컬러, 포인트 컬러로 나뉜다. 베이스 컬러는 집에서 가장 많은 면적을 차지하는 바닥, 벽지, 문과 몰딩에 사용된 컬러가 해당한다. 공간을 이루고 있는 베이스 컬러와 자신의 취향을 고려해서 '따뜻하고 아늑한 느낌이 드는 웜톤' 또는 '깨끗하고 세련된 느낌의 쿨톤' 중 방향을 정한다. 주로 우드 장판, 우드(메이플, 체리) 몰딩이면 웜톤이라고 볼 수 있고, 벽지나 바닥, 몰딩에 화이트, 그레이 면적이 넓다면 쿨톤으로 볼 수 있다.

메인 컬러는 부피가 큰 가전·가구나 넓은 패브릭 등 공간을 많이 채우는 부분에 활용된다. 베이스 컬러의 방향에 따라 메인 컬러를 정하면 되는데, 웜톤에는 주로 아이보리, 크림, 브라운, 우드 컬러가 쓰이고, 쿨톤에는 화이트, 그레이, 네이비, 블랙 컬러가 쓰인다. 메인 컬러로 가장 많이 사용하는 화이트는 베이스 컬러와 상관없이 가장 무난하게 조화를 이루므로 사용하기 쉽다. 넓은 면적을 채우는 만큼 공간 전체 분위기를 좌우하는 메인 컬러는 밝을수록 넓고 환한 느낌이 들고 어두울수록 편안한 안정감이 느껴진다.

포인트 컬러는 작은 가구나 패브릭, 소품 등 비교적 작은 면적을 차지하는 부분에 활용해서 공간에 특별함을 더한다. 웜톤으로는 옐로우, 오렌지, 골드 등을 활용할 수 있고, 쿨톤으로는 블루, 그린, 실버 등을 활용할 수 있다. 이렇게 베이스 컬러나 메인 컬러와 비슷한 포인트 컬러를 사용하면 편안하고 조화로운 분위기가 만들어진다. 또 자신의 취향에 따라 과감한 컬러를 2~3가지 믹스 매치하면 활력이 느껴지는 개성 있는 공간이 된다.

② 소재

컬러만큼이나 집 안의 분위기를 좌우하는 것이 소재이다. 원목은 따뜻하고 포근한 느낌을 주고, 철제는 세련되고 깔끔한 느낌을 준다. 그 외에도 유리, 세라믹, 대리석, 아크릴, 패브릭, 가죽, 벨벳 등 다양한 소재가 있다. 메인 가구의 소재는 어느 정도 통일하고, 포인트 가구나 데코 제품에 다른 소재를 믹스 매치하면 공간이 특별해진다. 예를 들어 우드 침대, 우드 화장대 사이에 유리 협탁을 두거나 철제 책상, 철제 서랍장에 가죽 의자를 매치하는 것이다. 소재의 광택에 따라서도 느낌이 다른데, 유광은 유려하고 화려한 도시적인 고급스러움이 있다면 무광은 좀 더 부드럽고 포근하며 차분한 느낌이 있다. 유지 관리 면에서는 유광이 더 유리한데 요즘은 무광을 선호하는 사람이 많다.

③ 형태

모든 가구에 통일감을 주는 것은 쉽지 않고, 자칫 밋밋한 공간이 될 수 있다. 전반적으로 어떤 형태를 메인으로 할지 정하고, 형태가 다른 포인트 가구를 믹스하면 공간에 볼륨감이 생긴다.

사각형은 정돈된 느낌을 주고, 버려지는 공간 없이 가장 효율적으로 공간을 사용할 수 있어서 주로 부피가 큰 메인 가구나 수납 가구를 고를 때 선호된다. 원형은 벽이나 다른 가구와 매치했을 때 버려지는 공간이 생기지만 독립적으로 배치할 땐 같은 크기의 사각형에 비해 주변 공간을 여유롭게 만든다. 그래서 식탁이나 거실 테이블과 같이 주변 통행이 필요한 가구에 적용하면 여유로워 보이고 안전한 느낌이 든다. 또, 부드러운 무드를 연출하기 좋은 형태라서 사이드 테이블, 협탁과 같은 소가구나 벽에 거는 소품에 활용하면 주변과 잘 어울리는 포인트가 된다. 비정형은 공간에 생동감을 주고 개성을 표현할 수 있는 감각적인 요소이다. 의자, 협탁 등의 작은 가구나 거울, 장식품에 적용하면 특별해진다.

④ 디테일

다리가 있는 가구는 바닥과 가구 사이에 여백이 생겨서 공간에 여유를 더하고, 가구 하부까지 청소하기 쉽다. 특히 바닥이 고르지 않을 때 다리로 높이를 조절해서 수평을 맞추기 용이하다. 다리가 없는 가구는 하부까지 이어지는 라인이 깔끔해 보이고, 안정감이 있다. 탈부착이 가능한 경우 공간에 따라 원하는 타입으로 활용할 수 있어 좋다.

가구의 손잡이도 포인트가 된다. 우드나 메탈 등 소재를 통일하거나 화이트, 블랙, 골드, 실버 등 컬러를 통일하면 다른 크기나 디자인의 가구라도 전체적인 조화를 이루기 쉽다. 손잡이가 없는 핸들리스 타입으로 통일해도 깔끔하다.

03 가전·가구 계획 기준 정하기

1 가전 계획하기

부피가 큰 냉장고부터 부피가 작은 청소기까지, 요즘은 가전제품도 중요한 인테리어 아이템으로 여겨져 디자인 수준이 높아졌다. 디자인뿐만 아니라 선호 브랜드나 성능 및 기능, 크기, 내구성, A/S 등 개인의 중요도에 따라 선택 기준이 달라진다. 그래서 셀프 인테리어, 홈 퍼니싱, 홈 스타일링에서 가전 선택에 대한 내용은 다루지 않지만, 가전의 크기에 따라 가구 크기나 배치가 달라지므로 가전에 대한 구체적인 계획이 먼저 필요하다. 에어컨, 세탁기, 냉장고, TV와 같이 가격대가 높은 가전일수록 오히려 가격 차이가 커서 빠르게 결정되는 편이다. 특히 에어컨의 경우 배치할 장소와 타입(시스템형, 스탠드형, 벽걸이형)에 따라 공간의 역할과 주변 가구의 크기가 달라진다. 예를 들어 거실 스탠드 에어컨을 둔다면 그 위치에 따라 소파 크기가 달라질 수 있다. 그 외에도 가구 배치를 위해 먼저 결정이 필요한 대표적인 가전으로는 냉장고, 주방 가전, TV 정도가 있다.

① 냉장고

많은 의뢰인들을 만나며 겪어본 바로 크기를 가장 많이 고민하는 가전제품은 냉장고였다. 좁은 주방에 맞춰 적은 용량을 구매하자니 결국엔 더 큰 냉장고를 다시 사게 될 것 같다는 우려 때문이다. 하지만 평수가 작은 집, 연식이 있는 집은 크기가 큰 신형 냉장고를 넣을 수 없는 주방도 많다. 이런 경우 주방 크기에 맞는 냉장고를 구매하거나 주방 배치를 포기하고 큰 냉장고를 주방 가까운 방이나 발코니에 두는 차선책 중 생활 동선을 충분히 고려하여 본인에게 더 우선시되는 기준에 따라 결정한다.

적은 용량의 냉장고를 선택했다면 넓은 집으로 이사 갈 때 같은 라인 김치냉장고를 추가해서 용량을 확보할 수 있고, 중저가 브랜드나 중고 제품을 사용하다가 나중에 원하는 용량으로 구매할 수도 있다. 또 가족 계획에 따라 제품을 교체하는 장기적인 플랜으로 수정할 수도 있다.

② 주방 가전

주방 가전의 종류나 크기에 따라 필요한 수납장의 크기와 위치가 달라지므로 구매할 목록과 용량 정도는 정해둬야 가구를 계획할 수 있다. 밥솥의 경우 6인용인지 10인용인지에 따라 크기가 다르고, 일반 전자레인지와 광파형 전자레인지의 크기도 차이가 크다. 오븐이나 에어프라이어를 따로 두거나 믹서기, 커피 머신, 토스터 등 쿠커 종류가 다양하고, 요즘은 음식물 처리기, 식기세척기, 정수기 등 필요로 하는 항목이 많아진 만큼 구매 목록은 정확히 하는 것이 좋다.

③ TV

TV는 시청 거리에 따라 적정 크기가 달라진다. 하지만 언제부터인가 거거익선(巨巨益善)이라는 말이 유행하면서 처음부터 최대한 큰 사이즈를 원하는 경우가 늘었다. 하지만 벽면보다 큰 TV는 공간 전체의 미관을 해치고, 부딪힐 위험이 있어 불안하므로 타협이 필요하다. 저렴한 중저가 브랜드로 거실에 맞는 크기를 사용하다가 이사하면서 침실에 서브로 활용하고, 거실에는 원하는 크기의 메인 TV를 구입할 수도 있다. 요즘은 TV로 본 방송을 보기보다는 OTT 플랫폼을 보는 사람이 많아서 컴퓨터나 노트북이 TV를 대신하거나 빔 프로젝터를 사용하기도 한다. 식탁에서 식사를 할 때나 침실에서도 사용할 수 있는 활용성을 중요시한다면 스탠바이미, 룸앤티비 제품과 같은 이동식 스마트 티비를 사용하거나 스마트 모니터와 이동식 거치대를 조합하기도 한다.

2 가구 계획하기

우선순위와 사용 기간에 따라 투자 비용과 상품 타입이 달라지므로 공간 배치와 상품을 선택하기에 앞서 구매 리스트 구체화가 필요하다. 구입 목록은 현재의 상황뿐만 아니라 향후 몇 년 앞을 내다보며 이사할 때 처분할 것과 계속 사용하게 될 것을 고려하는 것이 현명하다. 예를 들어 2년 후 더 넓은 집으로 이사할 때 큰 소파로 교체할 생각이라면 지금 당장은 저렴한 소파로 구매 비용을 아끼거나 포기할 수도 있는 것이다. 소파에서의 휴식을 중요시하면 유지 관리에 용이한 소재로 비용을 투자하고, 추가 구매로 확장할 수 있는 모듈형으로 선택할 수도 있다.

① 조화로운 스타일 정하기

부피가 큰 메인 가구는 다른 가구나 소품과 조화를 이루기 쉬운 스타일을 선택한다. 오래 사용할 가구는 내구성과 실용성을 고려하고 컬러와 디자인이 질리지 않는 것이 좋다. 특히 이사를 자주 한다면 베이스 컬러가 바뀌거나 새로운 가구가 추가되더라도 무난하게 어울리기 쉬운 모노톤이 실용적이다. 여러 가구를 고르거나 컬러를 맞추기 어렵다면 나란히 배치하는 가구는 같은 곳에서 같은 색상의 제품을 고르면 실패할 확률이 낮다. 의자를 하나 구입하더라도 식탁, 화장대, 책상, 소파 옆 사이드 테이블 등 다양하게 활용할 수 있도록 어디에 매치해도 잘 어울릴 만한 상품을 찾아보는 것도 좋은 방법이 된다.

② 수납할 양을 고려한 크기 정하기

크고 높은 가구가 많을수록 공간이 좁아 보이는 것은 당연하다. 하지만 무조건 작고 낮은 가구를 두고 사용하는 내내 불편을 느끼거나, 이사 갈 때마다 다시 구입하는 것도 비효율적이다. 특히 수납이 부족해서 노출된 자리에 물건을 쌓다 보면 높은 가구를 둘 때보다 공간이 더 좁아 보인다. 큰 가구를 두더라도 통일된 느낌으로 배치하고 주변 정리만 잘 한다면 오히려 더 쾌적하고 넓은 느낌을 줄 수 있다. 따라서 가구의 크기를 정할 때는 가지고 있는 짐에 따라 필요한 수납 양을 고려해서 선택한다.

③ 공간을 절약하는 가구 활용하기

본래의 기능에 수납 기능이 추가된 침대, 스툴, 식탁, 소파 등 수납형 가구를 적절히 활용하면 공간과 비용을 절약할 수 있다. 또, 접어서 보관할 수 있는 접이식 가구, 크기나 기능이 달라지는 확장형 테이블이나 소파 베드 같은 트랜스포머 가구는 좁은 공간을 실용적으로 활용할 수 있는 해결책이 되기도 한다.

④ 폭 조절, 모듈 가구 활용하기

장기적인 플랜으로 행거, 화장대, 테이블 등은 폭 조절이 가능한 가구를 사용하거나 조합이 자유롭고 추가 구매로 확장이 가능한 모듈 가구를 사용하면 이사를 해도 활용과 배치에 제약이 적다. 서로 다른 가구라도 보편적인 규격의 가구를 구입하면 모듈 가구처럼 서로 조합하기가 쉽다. 책상의 경우 대개 가로 길이가 1000, 1200, 1400, 1600, 1800㎜ 등 200㎜씩 차이가 나고, 일반 수납장의 평균 깊이는 400㎜, 가로 폭은 주로 600, 800, 1200㎜가 보편적인 규격이다. 또, 책상의 깊이와 책장의 가로 폭을 600㎜나 800㎜로 통일하면 모듈 가구처럼 함께 배치할 수 있다.

⑤ 다용도로 재활용하기

모든 가구는 주어진 용도 외에도 가구가 가진 특징을 고려해 다른 용도로 활용할 수 있다. 밥솥을 두는 레일 선반장이나 큰 책상으로 교체하면서 필요 없어진 작은 책상이 화장대를 대신하기도 한다. 또, 오래된 거실 수납장을 식탁의 벤치 의자로 활용하거나 파손된 옷장을 발코니에 두고 창고로 활용할 수 있다. 이렇듯 기존의 쓰임을 잃은 가구도 버리기 전에 조금만 더 고민하면 다른 용도로 재활용이 가능하다.

투자할 예산 범위 정하기

　자신의 라이프 스타일과 취향에 따라 구입할 가전·가구를 계획했다면 대략적인 지출 금액을 예상할 수 있다. 적정 예산을 정해도 진행하다 보면 욕심이 생겨서 금액을 맞추기가 쉽진 않다. 그래도 예산 금액의 최대 커트라인은 지킬 수 있도록 현명하게 선택하면 과소비를 방지할 수 있다.

　앞서 결정한 우선순위를 고려해서 지출 비중을 높여 투자할 품목과 저렴하게 구입할 품목을 정한다. 예를 들어 좌식 테이블로 식탁을 대체하면 의자 비용이 절감되고, 침대 프레임 대신 침대 매트리스에 투자하거나 옷장 대신 행거를 선택할 수도 있다. 우선순위에 해당하지 않는 제품은 조립 상품이나 값싼 소재로 대체해서 비용을 줄일 수 있다. 즉, 포기할 수 없는 부분엔 비용을 투자하고, 대체할 수 있는 부분은 절감하며 예산에 맞추는 것이다.

　가전과 가구는 따로 분리해서 리스트를 작성하는 것이 진행하기 편하고, 리스트를 작성할 땐 현재 가지고 있는 가전·가구 중 활용 가능한 목록을 먼저 작성하면 그 외 구매가 필요한 것들이 명확히 보인다. 활용할 제품의 사이즈를 적어 두면 배치할 위치를 정할 때 편하다. 구매처나 구매 URL을 적어 두는 것도 A/S나 재구매 시 도움이 된다. 목록은 종이에 적는 것보다는 문서로 작성하는 것이 좋다.

가전				가구		
활용		필요		활용		필요
목록	규격 or 구매처	목록		목록	규격 or 구매처	목록
일반 세탁기		냉장고		침대	2150 x 1550 x 300 mm	식탁
올인 에어컨		TV		책상	1400 x 600 x 740 mm	식탁 의자
밥솥	10인용	에어프라이어		책상 의자	구매 URL	화장대
광파오븐레인지	540 x 325 x 523 mm	커피머신		행거 2개	가로 100~140cm 조절 가능	거실수납장
구매 비용		300만원		구매 비용		200만원

구매 리스트 예시

　가전도 가구도 처음 사면 평생 쓰는 것이 아니다. 지금보다 좁은 집으로 이사를 가거나 결혼, 출산 등 상황이 변하면서 교체가 필요한 경우가 생긴다. 고급 제품만을 고집하지 않더라도 충분히 로망을 실현할 수 있으니 본인의 상황을 고려하여 무리하지 않는 선에서 예산을 정하거나 조금씩 변화를 시도하는 것이 좋다.

우리 집 구경하기

"첫 번째 집"

#실평수 14평 빌라 #쓰리룸 #2인 신혼 #가전 제외 비용 약 450만 원

1 주거 공간 상태 파악하기

최소 2년에서 최대 4년까지 거주할 생각이었던 나의 첫 번째 신혼집은 실평수 14평 쓰리룸 빌라였다. 옷이 많아서 옷방과 침실을 분리하고, 재택근무를 할 작업실이 필요해서 면적이 작더라도 무조건 방이 3개로 분리된 집을 원했다. 컴퓨터 외에 가져올 물건이 없고, 딸린 옵션이 없어서 가구와 가전 모두 구입해야 하는 상황이었지만 이전 거주자가 첫 입주였던 신축이라 전반적인 상태가 깔끔하고 따로 손볼 곳은 없었다. 좁은 평수의 쓰리룸인 만큼 공간들이 각각 작은 편이고 특히 주방에 싱크대와 냉장고 외에는 둘 자리가 없어서 식탁 위치가 문제였다. 고민할 시간이 필요해서 이전 거주자에게 양해를 구하고 재방문하여 주방 냉장고 자리와 거실과 방 3개 모두 가로세로 크기 정도는 미리 실측해 뒀다.

2 라이프 스타일과 취향 파악하기

사람들과 함께 시간 보내는 걸 좋아해서 큰 식탁 테이블을 두는 게 로망이었다. 큰 TV 역시 포기할 수 없는 부분이었는데 좁은 거실에 큰 TV와 식탁을 함께 둘 수는 없었다. 그래서 6인용 테이블은 침실이나 옷방보다는 활동 영역에 해당하는 작업실에 배치하기로 했다. 전체적으로는 집이 좁아 보이지 않도록 밝은 컬러와 최대한 깔끔하게 수납할 수 있는 가구를 활용하고, 식탁을 함께 둘 작업실만큼은 내 취향과 개성을 살려서 특별한 공간으로 꾸며보기로 했다.

3 가전 가구 계획 기준 정하기

구매 목록을 구체화하기 위해 대형 가전(에어컨, 세탁기, 냉장고, TV)에 대한 계획부터 기준을 정했다. 에어컨은 거실과 방에 하나씩 둘 투인원(2in1)으로 하되, 차후 이사할 때 시스템 에어컨이 설치된 집들도 많으니 최신형을 욕심내지 않기로 했다. 남편이 큰 TV를 선호해 좁은 거실에 가능한 최대 사이즈로 두기로 했고, 건조기를 알아보던 중 내 옷 90% 이상이 건조기를 사용할 수 없는 소재라 이불 빨래가 가능한 용량의 통돌이 세탁기만 구매했다. 대신 나중에 건조기가 필요하다고 느껴지면 세탁기까지 세트로 교체해도 부담 없을 저렴한 중소기업 제품을 고르기로 했다. 냉장고는 용량이 800ℓ 이상 되는 넉넉한 크기를 두고 싶었는데 냉장고 자리의 깊이가 좁아서 주방 벽보다 앞으로 튀어나오는 상황이었다. 고민 끝에 추후 김치냉장고가 필요할 것 같다는 생각에 700ℓ 미만의 세미 빌트인으로 결정했다. 또한 좁은 주방에 정수기를 따로 두지 않아도 되고 한겨울에도 얼음이 필요한 우리 부부를 위해 얼음 정수기 냉장고를 최종 선택했다.

가구도 부피가 큰 메인 가구인 침대, 소파, 책상, 식탁, 옷장 정도만 기준을 정했다. 침실보다는 활동 영역이 더 중요한 우리 부부에게 침대는 작은방에 둘 수 있는 퀸(Q) 사이즈면 충분했다. 옷방은 크지 않아 옷장을 두면 더 답답해 보일 것 같고, 잦은 이사를 고려해 향후 몇 년 동안은 행거를 사용할 계획으로 폭 조절이 가능한 커튼형 행거로 결정했다. 거실이 정말 좁아서 넉넉한 소파를 둘 수 없는 상황이지만 TV를 볼 때 앉을 곳은 필요했다. 그래서 넓은 집으로 이사하면 교체할 생각으로 공간을 많이 차지하지 않는 디자인의 저렴한 제품을 두기로 했다. 책상은 듀얼 모니터를 올리고 작업하기 편하도록 최소 1400㎜ 이상, 큰 식탁은 6~8인용으로 1800㎜를 원했다.

4 투자할 예산 범위 정하기

구입이 필요한 가전 목록에서 청소기, 에어프라이어, 밥솥, 선풍기 등 소형 가전은 대부분 선물로 해결됐다. 그래서 구매 예산에 잡힌 가전은 에어컨, TV, 냉장고, 세탁기 정도였고 앞서 계획한 기준에 따라 500~600만 원 정도로 예상했다. 가전·가구 합쳐서 총 1000만 원 내로 해결하고 싶은 마음이 생겨서 가구, 패브릭 등 홈 스타일링에 해당하는 부분은 400~500만 원으로 정했다. 우선순위에 따라 오래 사용하게 될 가구에는 투자하고, 잦은 이사로 교체하게 될 수 있는 가구는 저렴한 상품으로 대체하면서 정해둔 예산에 맞추기로 했다.

5 꾸미기

위치가 제한적인 에어컨, 냉장고, 세탁기부터 배치를 결정하고 계획 기준에 맞춰 상품을 골랐다. 가구도 기준을 정해둔 부피가 큰 메인 가구부터 배치를 결정하고 가구를 골랐다. 이와 같은 순서로 고민하고 채워나간 나의 첫 번째 신혼집을 소개한다.

집에 대한 전체적인 느낌을 좌우하는 거실은 좁고 답답한 느낌이 들지 않도록 밝고 낮은 가구로 골랐다. 공간을 많이 차지하는 소파 대신 부피감이 적은 소파 베드를 두어 게스트용 침대를 겸했고, 수납도 가능하게 했다. 창가를 따라 거실에 둘러앉을 수 있도록 추가한 벤치는 수납형으로 여분의 이불을 보관할 수 있게 했다. 소파에서 남편이 TV와 화면을 공유하며 노트북을 사용할 수 있도록 리프트업 테이블을 두고 테이블 수납에 노트북과 충전기를 넣어 뒀다. 오래 사용할 TV는 에어컨을 두고 남은 벽을 가로로 꽉 채우더라도 65인치로 했다. 주방과 화장실 사이 코너 벽을 따라 같은 주방 수납장 2개를 ㄱ자 배치해서 주방 가전과 용품을 수납하고 서브 조리대로 활용할 수 있게 했다. 덕분에 좁은 주방의 공간 활용과 편의성이 높아졌다. 거실로 오픈되는 주방 수납장의 밥솥과 전자 레인지는 패브릭 포스터로 깔끔하게 가렸다.

　주방과 가깝고 가장 넓은 방은 우리에게 우선순위였던 다이닝룸 겸 작업실로 했다. 방문을 제거해 개방감을 더하니 조금 더 넓은 느낌이 들고 통행이 편하다. 입구 정면에는 6인 이상 사용이 가능한 큰 식탁 테이블을 배치했지만 높은 가구가 배치되는 것보다 덜 답답해 보인다. 한쪽은 벤치 의자로 구성했고 평소에는 밀어 넣어 통행 공간을 더 확보했다. 테이블이 있는 벽은 페인트칠을 해서 주방 수납장이 있는 벽과 밸런스를 맞추고 거울과 소품을 활용해서 홈 카페 감성 포토존으로 만들었다. 입구 대각선으로 보이는 자리는 홈 카페 분위기를 만들어 줄 주방 수납장 2개를 같은 제품으로 나란히 배치해서 수납도 넉넉히 확보했다. 모니터가 3개 있는 책상은 밖에서 눈에 띄지 않는 사각지대에 배치했다. 책상 왼쪽에는 같은 컬러인 책장이 없어서 컬러가 같은 낮은 수납장 2개를 도어를 제거하고 쌓아 올렸다. 서랍이 있는 책상이지만 책상 하부에 서랍장을 하나 더 추가해 자리에 앉아서 필요한 것들을 모두 바로 꺼내 사용할 수 있게 수납했다. 가구가 많은 공간인 만큼 컬러를 통일하고 가구의 배치 라인을 깔끔하게 정리해서 답답한 느낌을 줄였다.

Bedroom

　침실은 퀸(Q) 사이즈의 침대를 넣으면 문을 여닫는 공간만 남는 작은 방이라 온전히 수면을 위한 공간이 됐다. 침대 프레임은 협탁이나 조명을 대신할 수 있는 헤드보드가 있고 이너웨어, 양말, 홈웨어 등을 넣을 수 있는 수납형으로 선택해 좁은 공간을 해결했다. 방 입구 사각지대에 수납력이 좋고 폭 조절이 가능한 확장형 화장대로 벽을 최대한 활용했다. 좁은 방이라 통행이랄 것도 없지만 침대와 화장대 서랍을 사용할 수 있는 폭은 확보되도록 가구로 테트리스를 했다.

Dress room & Balcony

　침실 옆에 있는 작은 방은 옷방으로 정했다. 폭 조절이 가능한 행거를 양쪽 벽을 따라 11자로 배치해서 행거 영역을 최대한 확보했다. 행거 내부에 개어둘 옷 수납을 위한 오픈 선반장을 추가했지만, 커튼형 행거라 깔끔하게 가릴 수 있다. 방문이 열리는 자리를 제외하고 남은 유일한 벽면에 전신 거울을 겸할 수 있는 이불 수납장과 편하게 사용할 스탠드 행거를 뒀다. 발코니에는 세탁기를 두어 작은 세탁실로 만들었다. 한쪽 여백에는 폭 조절 선반 행거를 넣어 여분의 생필품을 정리할 수 있도록 했다.

우리 집 구경하기

"두 번째 집"

#실평수 18평 아파트 #쓰리룸 #2인 신혼 #추가 비용 약 120만 원

첫 번째 신혼집에서 2년 4개월 거주 후 실평수 18평(공급면적 24평형)으로 이사하게 됐다. 이사할 때 버릴 생각으로 좁은 집에 맞춰서 골랐던 소파 베드와 주방 수납장 2개는 처분하고 모두 그대로 활용했다. 다행히 이사 일정 전에 집이 비어서 사진 촬영과 실측을 꼼꼼히 할 수 있었고, 미리 계획한 배치대로 이삿짐센터에 정확한 위치를 전달할 수 있었다. 실평수가 조금 넓어진 만큼 거실에서 노트북을 했던 남편을 위한 컴퓨터 책상을 마련하고 넉넉한 발코니에 캠핑용품, 작업 장비를 정리할 계획이었다. 이를 포함한 추가 구매 예산은 100만 원으로 잡았고, 실제로는 120만 원이 들었다.

Dining room

처음 좁은 집에 맞춰 계획할 땐 큰 소파를 구매할 생각이었지만 막상 둘 다 소파에 앉아서 TV를 보며 휴식을 취하는 편이 아니라서 필요 없다는 결론이 났다. 그래서 작업실에 뒀던 큰 다이닝 테이블과 홈 카페용 상하부장 세트 수납장을 거실에 배치했다. 선물 받은 화분을 제외하고, 소품들과 수납된 물건까지 그대로 옮겨서 다이닝룸이자 홈 카페가 메인이 됐다. 조금 더 욕심을 내서 거실 조명을 교체했고 이사 갈 때 가져가려고 원래 조명은 잘 보관해 뒀다. 타공 홀이 있는 위치에 에어컨을 둬야 해서 상하부장 세트 수납장 2개를 둘 수 있는 벽면은 왼쪽 벽밖에 없었다. 그런데 가로 벽을 모두 활용해야 배치할 수 있는 상황이라 인터폰과 조명 스위치가 문제였다. 인터폰은 선 연결을 유지한 채 본체만 벽에서 분리해서 수납장 위에 올려둔 상태로 인터폰 기능은 사용할 수 있게 했다. 거실 조명 스위치 역시 가려지더라도 대신할 수 있는 스마트 무선 스위치를 수납장 옆에 부착했다. 벤치 의자는 평소에 밀어 넣어 두면 발코니 통행 폭이 편하게 확보된다.

Balcony

넓은 발코니의 일부는 슬리퍼 없이 사용할 수 있도록 데크 타일을 깔았다. 데크 타일이 있는 오른쪽은 사용하던 폭 조절 선반 행거로 캠핑용품을 정리하고 가리개 커튼으로 깔끔하게 가렸다. 왼쪽은 창문보다는 낮은 높이로 벽을 따라 길게 랙 선반을 추가해서 여분의 생필품이나 홈 스타일링 장비 등을 정리했다. 세탁기에도 랙 선반을 설치해서 캐리어, 선풍기와 같은 계절용품을 보관했고 역시 가리개 커튼을 칠 수 있게 했다.

Kitchen

▲ Before, 합판

▲ After

주방의 ㄱ자 싱크대에 화이트 수납장과 합판을 추가해 ㄷ자로 활용할 수 있는 효율적인 주방을 만들었다. 싱크대 하부 서랍을 사용할 수 있도록 수납장을 싱크대와 띄워서 배치하고 주문 제작한 상판과 뒷판을 부착해서 수납과 조리대가 추가 확보됐다. 현관에서 들어올 때 더 길게 이어지는 복도가 형성됐지만 하부만 확장돼서 답답해 보이지 않고 다이닝 공간과 자연스럽게 분리된다. 또한 주방 싱크대가 끝나는 부분에 광파 오븐레인지를 두고 영양제를 올려두었는데, 현관이나 거실에서 보이는 느낌이 산만하여 스트라이프 가벽을 세워 답답하지 않으면서도 깔끔하고 안정적인 느낌을 만들었다.

Dress room

현관 측 작은 방은 이전 옷방보다 면적이 더 좁아서 창문이 있는 벽까지 행거를 설치할 수 있도록 남는 암막 커튼으로 창문을 가린 후 행거를 ㄱ자로 배치했다. 행거끼리 겹치는 코너 영역은 자주 사용하기 불편하니 계절 지난 옷을 걸어 계절마다 교체했다. 행거 안에 뒀던 오픈 선반은 방에 있는 벽장 안에 넣고, 행거에 옷을 더 걸 수 있도록 했다. 입었던 옷이나 잠옷을 걸어두는 스탠드 행거는 눈에 띄지 않는 위치가 더 깔끔하겠지만, 전신 거울이 있는 이불 수납장과 위치를 바꾸면 입구가 답답해져서 입구 정면에 뒀다. 입구에서 봤을 때 지저분해 보일 수 있으나 대신 바로 사용하기 편하다.

이사하면서 남편의 책상 자리를 마련하기로 했는데 각자 사운드를 들어야 해서 분리된 공간이 필요했다. 그래서 분리되더라도 가까이 있을 수 있도록 나란히 위치한 방에 각자 책상을 뒀다. 방문을 열어두고 지내는 편이라서 현관에 들어설 때마다 작업실 방 입구가 보였기 때문에 깔끔하고 특별한 첫인상을 주게끔 방문에 가리개 천을 포인트로 활용했다. 덕분에 거실에서 책상 하부에 둔 프린터도 보이지 않고 나란히 있는 옆방의 가벽과 밸런스도 맞는다. 특히 책상 자리에서 보이는 다이닝룸과 커튼의 조화가 나의 힐링뷰 포인트가 됐다. 이전 집에서 도어를 제거하고 책상 옆에 2개를 쌓아 책장으로 사용했던 수납장은 도어를 다시 설치하고 방문 정면에 배치해서 촬영 장비와 생활용품을 수납했다. 내가 사용하는 화장대도 내 작업실에 뒀는데 폭 조절이 가능한 제품이라 수납장과 함께 남는 공간 없이 가로 벽을 알맞게 채웠다. 컬러가 다른 가구가 함께 배치돼서 전체적인 조화를 도와줄 요소로 창문 커튼과 패브릭 포스터를 추가했다.

　큰방은 침실 겸 일찍 자는 생활 패턴을 가진 남편의 작업실이 됐고, TV를 침대에서 볼 수 있게
했다. 이전 집 거실에 있던 화이트 벤치 수납장을 오크 컬러 인테리어 필름지로 리폼한 후 그 위에
원래 사용하던 TV 거실장의 다리를 제거하고 올렸더니 침대에서 TV를 보기 편한 높이가 되었다.
컬러뿐만 아니라 가구 라인까지 깔끔하게 맞춰서 배치한 덕분에 쾌적한 느낌이 든다. 남편은 이전
부터 노트북과 TV 화면을 공유해서 사용했기 때문에 컴퓨터를 하면서 TV를 함께 볼 수 있는 방향
으로 책상을 배치했고 방문 정면으로 컴퓨터의 뒷모습이 노출되지 않도록 가벽을 설치했다. 방이
깔끔해 보이고 컴퓨터를 사용하는 자리에서도 앞이 막혀 있는 구조가 안정감을 준다. 타공 가벽과
스트라이프 가벽을 함께 활용해서 답답하지 않게 했고 넉넉한 통행 폭을 위해 책상은 딱 필요한
모니터를 올려둘 수 있는 크기로 됐다. 사무용품을 수납할 책상 서랍은 침대 옆에 두어 협탁 역할
도 할 수 있도록 배치했고, 침대 하부 서랍에는 침대에서 사용하는 안마기나 남편 책상에서 사용
하는 짐들을 수납했다.

Option

part
02
공간 활용을 위한
선택

01 공간 활용 계획하기

주거 공간은 생활하기 편해야 한다. 그래서 주어진 공간을 어떻게 활용하느냐가 중요하다. 하나의 공간이 여러 기능을 해야 하는 원룸은 그 역할에 대한 영역을 구분 지어 산만하지 않게 구성하고, 분리된 방이 있다면 생활 동선과 생활 패턴을 고려하여 각각의 공간을 어떤 역할로 사용할지 결정한다. 필요로 하는 영역이 확보되지 않으면 집에 대한 만족감을 느낄 수 없고, 동선이 적절하지 않으면 오히려 집에서 피로감을 느낄 수도 있다. 라이프 스타일에 따라 명확한 공간 활용을 계획하고, 그에 맞는 메인 가구를 고려하여 여러 배치를 시도해 본다. 최종 배치가 결정되면 메인 가구부터 선택하고, 남은 예산과 상황에 따라 서브 가구를 선택해서 수납을 확보하고 생활을 보완하면 된다. 이렇게 가구 배치와 구매할 가구를 결정하기까지 계속해서 선택하는 과정을 반복하게 된다.

1 조닝

조닝(zoning)이란, 주어진 공간에서 필요한 용도로 구역을 구분하는 것이다. 대개 작업, 공부, 취미 생활을 즐길 수 있는 활동 영역과 휴식 영역, 생활에 필요한 물건을 둘 수 있는 보관 영역으로 구분할 수 있다.

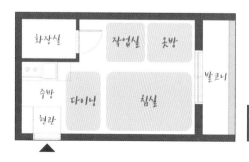

▲ 조닝(zoning)의 예시

조닝의 기준이 서지 않는다면 침실을 먼저 정한다. 침대가 들어갈 방부터 결정하면 다른 방의 역할을 정하기 수월해진다. 평면 구조나 방 크기에 따라 침대를 둘 수 없는 곳과 침대를 두고 싶지 않은 곳을 체크한다. 독립적인 침실을 갖출지, 우선순위에 있는 다른 공간을 위해 침실에 다른 역할을 함께 부여할지 결정한다. 원룸에서도 가장 넓은 면적을 차지하는 침대의 위치가 전체 배치에 큰 영향을 미친다. 따라서 안정감을 느낄 수 있는 위치로 먼저 결정할 필요가 있다.

침실이 정해지면 남은 공간은 자신에게 필요한 우선순위부터 영역을 결정해 나간다. 이때 독립된 공간으로 하고 싶은 영역을 분리해주고, 자주 사용하는 공간끼리는 짧은 동선으로 이동할 수 있도록 한다. 원하는 기능에 따라 각각의 방을 갖출 수 있다면 좋겠지만 규모가 작은 집일수록 한 공간에 두 가지 이상의 역할을 담을 수밖에 없다. 이때 하나의 공간 안에서도 각각의 영역은 명확하게 분리하는 것이 좋다.

2 규모별 조닝

영역을 정할 때, 흔히 말하는 원룸, 투룸, 쓰리룸으로 접근하기에는 실제 공간 계획에 애매한 부분이 많다. 예를 들어 연식이 있는 집은 거실이 따로 없는 경우도 많은데 이때의 투룸과 거실이 따로 있는 투룸과는 활용 공간이 다르다. 그래서 방문의 유무에 상관없이 활용할 수 있는 공간의 개수로 규모를 나눠보는 것이 좋다.

① 공간이 하나일 경우

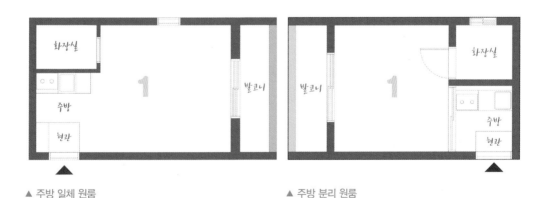

▲ 주방 일체 원룸　　　　　　　　　▲ 주방 분리 원룸

원룸은 주방 분리형이라고 해도 싱크대만 분리되어 있을 뿐 식탁을 놓을 공간이 없어서 주방 일체형과 동일하게 방 하나에 침대, 옷장, 책상, 식탁이 모두 놓인다. 원룸은 가구 배치가 곧 조닝 계획이라고 할 수 있다. 배치에 따라 공간이 더 좁아 보이고 산만해지기 쉽지만, 그만큼 여러 가지 재미있는 배치가 가능하다. 원룸의 경우 침대 위치가 전체 공간 활용을 좌우한다. 주방 일체형의 경우 현관이 분리되지 않은 만큼 침대가 현관문에서 바로 노출되지 않도록 배치하고, 침대에서 싱크대가 정면으로 보이는 배치도 피하는 것이 좋다. 배치할 수 있는 부분이 그 방향밖에 없다면 다른 가구나 가벽, 패브릭을 활용해서 적당히 분리한다. 이렇게 일부라도 가려주면 훨씬 쾌적하고 안정감을 느낄 수 있게 된다.

옷장도 행거를 사용하는 경우가 많은데 침대에 누워서 보이는 시야에 옷이 노출되지 않도록 기왕이면 커튼형 행거를 추천한다. 일반 행거를 사용하고 있다면 압축봉이나 커튼봉으로 패브릭을 여닫을 수 있게 설치하면 된다. 높은 가구를 두거나 가벽을 설치하거나 천장에 패브릭을 압정으로 고정하면 시야에서 가려지는 미니 드레스룸으로 분리할 수도 있다.

공간이 협소할수록 식탁, 책상, 화장대 등의 가구를 각각 갖추기보다 테이블 하나를 여러 용도로 사용하거나 접이식 테이블을 추가 활용할 수 있고, 간단한 노트북 사용은 책상 없이 사이드 테이블이나 베드 테이블을 활용할 수 있다.

② 공간이 둘일 경우

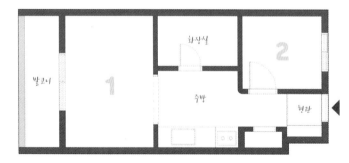

▲ 주방 분리 투룸

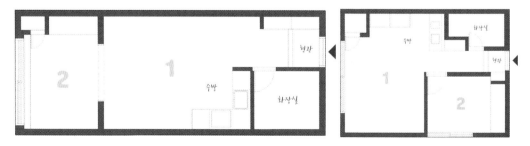

▲ 1.5룸(미니 투룸)

주방 겸 거실과 방이 하나 있는 1.5룸(미니 투룸)이나 거실 없이 주방만 분리되고 방이 2개 있는 투룸은 활용 가능한 공간이 두 군데로 같다.

개인의 라이프 스타일에 따라 메인 공간의 용도를 결정한다. 손님 초대를 즐기거나 집에서 작업이나 취미 활동을 하는 사람은 메인이 되는 넓은 공간을 거실 겸 작업실, 다이닝룸 등 오픈 공간으로 활용하고, 사적인 침실을 작은 방으로 분리한다. 이때 작은 방에 옷을 함께 둘 공간이 없다면 메인 공간의 한쪽 벽면이 옷방의 역할을 겸할 수 있다. 평소 자신을 위한 여유로운 생활과 휴식에 집중하는 사람은 메인이 되는 넓은 영역에 침대와 TV, 식사 공간을 마련하고 작은 방을 옷방으로 분리한다. 작은 방의 크기나 옷의 양에 따라 작업실을 함께 둘 수 있다.

③ 공간이 셋일 경우

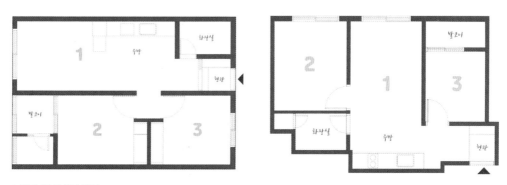

▲ 주방 겸 거실과 투룸

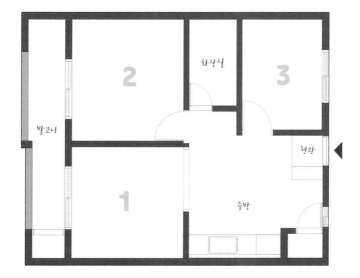

▲ 거실 없는 쓰리룸

주방만 분리되고 거실이 없는 쓰리룸은 주방 가까이 오픈된 방을 거실로 활용하기 때문에 거실이 있는 투룸과 같이 활용할 수 있는 공간은 3개이다.

공간 세 군데부터는 거실 영역을 확보할 수 있는 편이지만 식탁의 위치에 따라 상황이 달라질수 있다. 좁은 주방이라도 주방에 작은 식탁을 두고 거실은 TV와 소파로 온전히 휴식을 누리는 공간으로 활용하거나, 좁은 주방 대신 거실에 소파가 아닌 테이블을 두고 홈 다이닝, 홈 카페를 실현할 수도 있다. 거실이 넓다면 소파를 두고도 식탁을 둘 수 있겠지만, 공간 세 군데까지는 대개 작은 평수여서 함께 두기 힘든 경우가 대부분이다. 소파와 테이블을 함께 둔다면 각자 작은 크기를 사용하고, 접이식 테이블이나 확장형 테이블로 공간 활용을 높이거나 식탁 테이블의 한쪽을 벤치 소파로 대체하는 방법을 택할 수도 있다.

남은 두 개의 방은 침실에서의 휴식이 중요하다면 '침실/작업실 겸 옷방'으로 분리하고, 옷이 많다면 '옷방/침실 겸 작업실'로 분리한다. 또 작업 및 취미 활동이 중요하다면 '작업실/침실 겸 옷방'으로 분리한다.

④ 공간이 넷일 경우

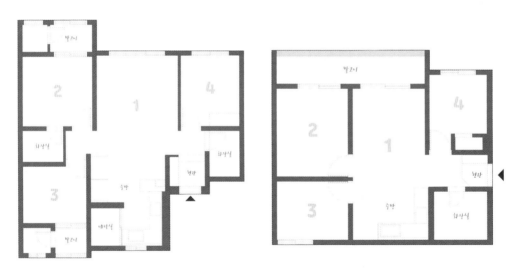

▲ 주방 겸 거실과 쓰리룸

일반적으로 얘기하는 쓰리룸은 대부분 거실이 있고 방이 3개로, 활용할 수 있는 공간이 4개나 있어서 공간 활용에 따른 영역을 나누기 가장 쉬운 편이다. 다만, 실평수에 따라 주방과 거실 공간의 차이가 커서 공간이 세 군데일 때와 마찬가지로 주방에 식탁을 둘 수 있는지에 따라 거실 활용이 달라질 수 있다.

침실, 작업실(서재), 드레스룸 중 가장 넓게 쓰고 싶은 공간을 정하면 되는데, 보통 크기가 가장 큰 방을 침실, 나머지 방을 옷방과 작업실로 나누는 것이 보편적이다. 작업실은 홈 오피스, 홈 씨네마, 홈 짐 등 본인의 취미와 로망을 실현할 수 있는 모든 공간을 포함한다. 화장실이 2개인 경우 보통 가장 큰 방에 화장실이 있어서 자연스럽게 침실로 사용한다. 이때 붙박이장을 넣어 옷방을 겸하게 되면 남는 방 하나는 아이 방이나 손님방으로 사용할 수 있다. 옷이나 메이크업 용품 등 미용과 관련된 물건이 많아서 넓은 드레스룸이 우선순위라면 화장실이 있는 큰방을 옷방으로 해도 동선이 편하다. 남편과 아내 각자 분리된 작업실이 필요할 경우 침실을 제외한 두 개의 방을 각자의 작업실 겸 각자의 옷방으로 분리할 수 있다. 이때 생활 패턴에 따라 먼저 자는 사람의 수면이 방해되지 않도록 평소 취침 시간이 더 늦은 사람의 방을 침실과 멀리 두거나, 주방을 자주 사용하는 사람의 방을 주방과 더 가까이 두는 방법 등 생활을 고려하면서 방의 위치를 정한다.

02 공간 배치 가이드

1 가구 배치에 따른 공간 구성

공간 활용에 대한 계획이 정해졌다면 필요한 가구의 배치를 결정해야 한다. 가구의 배치는 공간별로 자리 차지가 가장 큰 메인 가구(주방은 식탁, 거실은 소파, 침실은 침대, 작업실은 책상, 옷방은 옷장)의 위치를 먼저 정하고, 그 외 수납 확보를 위해 필요한 가구나 추가하고 싶은 작은 가구는 남는 영역을 고려해서 배치한다. 메인 가구의 위치를 수정하고 주변 가구 위치를 조율하는 것을 반복하면서 최적의 배치를 찾는다.

방문이나 가구의 서랍을 여닫기에 필요한 여유 공간을 고려하고, 통행 폭은 최소 50~60㎝ 이상, 의자가 있는 식탁이나 책상은 최소 80㎝ 이상 확보하는 것이 좋다. 실제 치수를 잰 후 공간 배치 시뮬레이션을 해 보고, 3D 평면도 프로그램을 활용하는 것도 좋다.

그리고 콘센트를 비롯한 두꺼비집, 조명 스위치, 인터폰, 보일러 컨트롤 패널 등의 벽면 요소를 미리 파악하면 가구 배치 시 혼란이 줄어든다. 스위치가 가구에 가려진다면 스마트 스위치로 대체하거나 콘센트 위치에 따라 가전을 어떻게 배치할지, 멀티탭을 어디에 어느 정도 길이로 사용할지 등을 계획할 수 있다. 이때 멀티탭 선은 방을 가로지르지 않도록 벽면을 따라 가구 뒤쪽으로 돌아갈 수 있도록 하는 것이 깔끔하다.

2 좁은 집 넓게 활용하기

좁은 공간일수록 답답해 보이지 않는 배치를 위한 고민이 많아진다. 어떤 가구를 선택하고, 어떻게 배치하느냐에 따라 같은 공간이라도 훨씬 더 넓어 보이고 안정감이 느껴질 수 있다.

① 벽면으로 배치하기
가구를 양쪽 벽면으로 배치하면서 통행로를 만드는 것이 좁은 공간에서 가장 흔히 하는 배치다. 자칫 뻔하고 단조로운 공간이 될 수 있지만 버려지는 공간을 최소화할 수 있는 방법이다. 여백을 최대한 확보하면 답답함이 줄어들고 공간을 넓게 활용할 수 있다.

② 가구 외곽선 정리하기

부피가 큰 메인 수납 가구는 라인이 직선으로 떨어지는 단순한 디자인이 데드 스페이스를 줄일 수 있다. 나란히 배치할 수납 가구끼리는 깊이나 높이를 맞춰 가구가 차지하는 면적의 라인을 단순하게 만들어 주면 깔끔하고 넓어 보인다. 깊이가 서로 다른 가구는 바닥 면적을 더 많이 차지하고, 높이가 들쑥날쑥하면 산만해 보일 수 있기 때문에 가급적 공통된 규격이 있는 가구끼리 가까이 배치한다. 붙여서 배치하는 가구가 아니라도 연장선을 그려봤을 때 가구들의 끝나는 지점을 맞추면 공간이 넓어 보인다.

③ 원근감 만들기

입구를 기준으로 가장 먼 대각선 끝에 포인트를 주면 시선이 깊숙한 곳을 향하면서 공간이 더 깊고 넓게 느껴진다. 높이가 다른 가구를 배치할 때도 방문 입구를 기준으로 양쪽 벽은 입구와 가까울수록 낮은 가구, 입구와 멀어질수록 높은 가구를 배치한다. 특히 배치된 가구의 라인이 최소화될수록 방 안쪽까지 한눈에 보여 공간이 더 넓어 보인다.

④ 사각지대 활용하기

부피가 크고 높은 가구나 산만해 보이는 것은 눈에 띄지 않는 사각지대에 배치하면 답답하지 않고 깔끔한 느낌을 받을 수 있다. 주로 방문이 있는 벽면이 문을 열어둬도 바로 보이지 않고 들어올 때 시선이 덜 닿는 사각지대에 해당한다.

⑤ 컬러 통일하기

대부분 집의 벽지가 화이트, 아이보리, 밝은 그레이 같은 밝은색이 많으므로, 부피가 큰 가구는 비슷한 톤의 밝은 컬러를 사용해 공간을 조금 더 넓어 보이도록 한다. 선택이 어렵다면 화이트가 실패 없는 답이 된다. 반대로 벽지가 어두울 땐 밝은 가구가 오히려 더 좁아 보인다. 어두운 벽지엔 또 그와 비슷한 톤의 가구가 공간을 덜 좁아 보이게 하므로 벽지 컬러와 비슷한 컬러가 유리하다. 같은 컬러나 비슷한 컬러의 메인 가구로 전체적인 통일감이 만들어지면, 같은 면적이라도 더 넓어 보이는 효과가 있다. 공간이 심심해 보인다면 화이트와 블랙, 베이지와 메이플 등 조화로운 컬러 조합으로 정해둔 컬러 한에서 믹스 매치는 괜찮다. 공간에 활용하는 컬러 색을 3~4가지로 제한하고, 작은 가구나 소품에 포인트 컬러를 적절히 활용하면 감각적인 공간 연출이 가능하다.

⑥ 개방감 만들기

문을 열어두거나 제거하여 개방감을 줄 수 있다. 공간이 넓어 보이고, 가구 배치 공간을 확보할 수도 있으며 같이 생활하는 사람과의 소통과 교류도 높아진다. 문을 열어 도어스토퍼로 고정한 뒤 화분이나 장식용품을 두면 디스플레이 공간으로 활용할 수 있고, 문을 제거한 뒤 방 문틀 사이에 압축봉으로 가리개 커튼을 설치하면 필요에 따라 미닫이문으로 활용할 수 있다. 제거한 문은 연결되어 있던 경첩과 함께 발코니나 창고 공간, 행거 뒤쪽에 넣거나 자리가 마땅치 않다면 문손잡이를 분리해서 침대 하부에 보관하면 된다.

⑦ 가짓수 줄이기

가구가 많을수록 공간이 좁아지는 것은 당연하다. 좁은 공간을 위해 수납 침대, 수납 소파, 수납 식탁 등 수납 기능이 더해진 가구를 사용해 추가 수납장 구매를 줄이면 여유 공간을 더 확보할 수 있다. 침대 헤드보드가 협탁을 대신하거나 식탁 테이블이 책상을 겸할 수 있고, 이동식 스툴 하나를 화장대 의자, 침대 협탁, 소파 사이드 테이블, 손님용 의자 등 다양한 용도로 사용할 수 있다.

⑧ 가리기

침대의 헤드보드나 옷장, 책장, 수납장과 같은 가구는 파티션으로 활용해서 자연스럽게 공간을 분리하고 어수선한 부분을 가릴 수 있다. 가벽이나 패브릭으로 공간을 더 명확하게 분리하면 노출된 물건과 마음에 들지 않는 부분을 가릴 수도 있다. 산만한 공간을 적당히 가리기만 해도 더 쾌적한 공간이 된다.

⑨ 채광 활용하기

가급적이면 큰 가구로 창문을 가리지 않는다. 커튼이나 블라인드와는 다르게 가구가 창문을 가리면 공간이 더 답답하게 느껴진다. 커튼과 블라인드 역시 밝은 컬러일수록 공간이 더 넓어 보인다. 암막 커튼을 설치하더라도 평소엔 암막 커튼을 걷어두고 채광이 가능하도록 이중으로 속 커튼을 설치해 넓고 환한 느낌을 유지하는 것이 좋다.

⑩ 심플하게 정리하기

눈에 보이는 산만한 요소가 적을수록 공간은 더 깔끔하고 넓어 보인다. 도어가 있는 수납장에 정리하는 것이 가장 깔끔하고 그 외 물건들은 통일된 바구니에 담아 정리한다. 벽면 걸이나 선반을 활용하면 공간을 차지하지 않으면서 간편하게 정리할 수 있다.

03 공간별 가구 배치 및 선택

1 주방과 다이닝룸

① 냉장고

주방은 냉장고 위치부터 정해야 한다. 투룸 이상은 싱크대 주변으로 냉장고 자리가 마련된 경우가 많지만 원룸이나 구옥은 냉장고 자리가 고려되지 않은 경우가 많다. 자리가 있더라도 큰 냉장고가 들어가지 않거나 김치냉장고까지 둘 수 있도록 마련된 집이 많지 않다.

냉장고는 주방에 두는 것을 최우선으로 해야 생활 동선이 편해진다. 냉장고는 부피가 큰 편이므로 통행을 방해하는 자리는 피하고, 눈에 띄는 자리에 놓일 수밖에 없다면 측면이 노출되지 않도록 가벽으로 가리면서 공간을 분리하는 것이 좋다. 가벽 대신 가구를 함께 배치하거나 측면에 포스터를 부착해도 답답한 느낌을 보완할 수 있다.

주방이나 거실과 주방 사이에 마땅한 자리가 없다면 주방 옆 발코니나 주방과 가장 가까운 방에 두는 방법도 있다. 큰 냉장고는 방문 입구를 통과하지 못해서 냉장고 문을 분리해야 할 수도 있고, 옮긴 후 수평을 맞추는 것도 중요하므로, 서비스 센터나 이삿짐센터, 숨고 등 전문가의 도움을 받길 권한다(서비스 센터에 문의했을 때 제품이나 지역, 상황에 따라 달라지겠지만 평균적으로 5~6만 원대의 비용이면 이동이 가능했다). 냉장고를 방에 둘 때는 방문 정면이나 방문 가까운 측면에 두고 주방과 최대한 가까운 동선으로 사용할 수 있게 한다. 주변 가구나 벽, 방문과 부딪힐 위험이 있는 자리에는 도어쿠션, 문콕 방지 쿠션을 붙여 냉장고가 상하지 않도록 한다.

▲ 냉장고 측면 가벽 설치 ▲ 냉장고 측면 가구 설치

방 입구 정면 배치

싱크대 옆에 있는 냉장고 자리가 좁아서 큰 냉장고를 배치하면 방문 영역을 침범하고 현관 정면으로 보이는 자리가 답답해 보일 상황이었다. 그래서 냉장고를 바로 옆 작은 방 입구에서 정면으로 보이는 자리에 배치하고 싱크대 옆에는 주방 가전과 식품을 위한 수납장을 뒀다. 수납장은 냉장고와 비슷한 높이와 디자인으로 선택해 추후에 이사한 뒤 나란히 배치해도 잘 어울리도록 고려했다. 싱크대 상부장과 주방 수납장의 측면 깊이 차이는 철제 타공 가벽으로 가리고 자석이나 걸이를 활용해서 꾸밀 수 있는 포토월로 활용한다.

방 입구 측면 배치

냉장고 자리에 세탁기를 배치해야 하는 상황이라 냉장고를 주방과 가까운 방에 뒀다. 긴 벽을 따라 옷장이 있어서 냉장고를 방문 입구 측면에 두고 방문을 제거하니 냉장고를 짧은 동선으로 편하게 사용할 수 있었다. 냉장고 뒷면이 노출되지 않게 수납장을 배치했고 필요에 따라 문을 대신할 수 있도록 입구에 압축봉을 설치해 가리개 천을 달았다.

② 주방 수납장

요즘은 냉장고와 전자레인지, 밥솥뿐만 아니라 정수기, 식기세척기, 음식물 처리기, 커피 머신, 전기포트, 에어프라이어까지 주방 필수 가전의 종류가 많아졌다. 주방 가전을 싱크대 위에 모두 올릴 수도 없고 싱크대 상판은 최대한 조리 공간을 확보해야 하므로, 주방 가전을 실용적으로 수납할 수 있는 주방 수납장은 꼭 필요하다. 주방 가전을 수납하니 주방에 배치하는 것이 이상적이지만, 식탁의 위치에 따라 거실에 주방 수납장을 두는 경우도 있다. 냉장고나 주방 붙박이장 옆에 배치할 때 활용하기 좋은 높고 깊은 #키큰주방수납장부터, 상부장과 하부장이 구분되어 따로 또는 세트로 구매할 수 있는 #홈카페장 #주방수납장상부장세트 상품도 있다. 함께 배치할 가전이나 가구의 크기와 색상을 고려해서 선택하면 된다. 기본적으로 #전자렌지대 #밥솥렌지대를 검색하면 여러 주방 가전을 동시에 수납할 수 있는 제품이 나오는데, 규격이 큰 광파 오븐레인지는 깊이가 깊은 #광파오븐렌지대로 찾아야 한다. 또, 식기세척기까지 둘 수 있는 #식기세척기장 등 수납해야 할 주방 가전의 종류와 크기에 따라 필요한 제품을 찾으면 된다. 수납할 물건이 많아 주방에 모든 물건을 수납하기 어렵다면 주방 가까운 곳에 커피 머신, 전기포트, 토스터, 디저트 그릇, 와인 잔 등 홈 카페나 홈바를 위한 물건을 수납할 공간을 따로 마련한다. 수납장은 전면 도어가 가장 깔끔해 보이지만 매일 쓰는 가전을 두는 곳만 오픈되어 있고 그 외 수납 자리는 도어가 있는 제품으로 선택하면 충분히 편의성과 심미성을 절충할 수 있다. 오픈된 곳은 패브릭으로 가려 도어를 대신해도 좋다. 크기와 높낮이를 조절할 수 있는 랙 선반도 주방 수납장으로 용이하고, 예산이 적다면 오픈 선반이나 조립식으로 대체해도 된다. 이때 주변 가구 배치로 자연스럽게 측면이 가려지기도 하지만, 전체적으로 산만하게 노출되는 느낌이라면 가리개 천, 패브릭 포스터로 가려두면 된다. 찍찍이 가리개, 벨크로 가림막 등 벨크로로 고정할 수 있는 제품을 활용하거나, 압정이나 실리콘 테이프로 고정하거나 압축봉으로 여닫을 수 있게 설치하는 경우도 있다.

자투리 공간이 남는다면 비싼 비용을 치르고 붙박이장을 제작할 필요 없이 필요한 가로 폭의 주방 수납장을 활용하면 된다. 이런 자리에 활용할 수 있도록 요즘 인기 있는 냉장고와 같은 높이, 비슷한 디자인의 수납장이 잘 나오고 있다. 슬림한 소형 가전 정도는 수납할 수 있는 틈새 가구나 슬라이딩 가구도 가로 폭 20㎝부터 다양한 사이즈가 있다. 배치할 때는 냉장고 주변으로 여유 공간이 필요하다는 점을 유의하고, 깊이가 남는 경우 뒤쪽 벽에 붙이는 것보다 붙박이장 앞 라인을 맞춰 배치하면 훨씬 깔끔해 보인다.

▲ 키 큰 주방 수납장

▲ 홈 카페 상하부장 세트

▲ 냉장고 좌측 틈새장

▲ 식기세척기 수납장　　　▲ 식기세척기 선반　　　▲ 철제 랙 선반　　　▲ 오픈 선반

좁은 주방은 요리를 위한 가전을 우선으로 주방에 두고 커피 머신 등 홈 카페, 홈바용 수납은 주방과 가까운 위치나 거실에 분리해서 확보하면 된다.

③ 식탁 테이블

　식탁은 주방에 두는 가구였지만 요즘은 TV를 보며 식사하길 원하거나 넓은 다이닝 공간에 대한 로망을 실현하기 위해 거실이나 다른 방에 테이블을 두고 다이닝룸을 만들기도 한다. 지인을 초대해 집에서 식사하는 걸 즐기거나 식사 외에도 독서 등 취미 활동을 하며 홈 카페를 누리기 위해 신혼부부도 6인 이상의 테이블을 원하는 경우가 많아졌다. 주방 싱크대와 이어진 붙박이장에 레일로 확장되는 식탁은 분리할 수 있으니 사용하지 않거나 마음에 들지 않는 경우 분리해서 발코니나 여유 공간에 보관하고 원하는 무드의 식탁을 구매한다. 싱크대와 이어져 제거할 수 없는 아일랜드 식탁은 테이블보나 테이블 매트, 의자로 분위기를 보완해서 활용하고, 공간에 여유가 있다면 주방 아일랜드 식탁은 조리대로 사용하고 식탁 테이블을 추가 구매하기도 한다.

▲ Before   ▲ After

다이닝 공간에 대한 로망을 실현하기 위해 거실에 라운드 식탁 테이블에 의자와 소파를 구성했다. 마음에 들지 않던 주방 옵션 식탁은 주방 수납장을 ㄱ자로 배치하면서 가리고 서브 조리대 겸 수납으로 활용해서 하부는 가리개 천으로 가렸다.

주방에 식탁을 배치하는 경우, 일반적으로 다리가 있는 식탁 테이블이 사용하기 가장 편하고, 공간 여유가 있어 보이지만 수납이 필요하다면 식탁 공간에 수납까지 충족할 수 있는 #수납아일랜드식탁을 활용한다. 주방 가전을 비롯한 주방 도구 수납이 가능하고, 책상을 겸할 경우 노트북이나 관련 사무용품을 수납할 수 있다. 대부분 하부 수납 영역보다 상판이 넓어서 의자에 앉았을 때 하부에 다리가 들어갈 여유가 있다. 아일랜드 식탁의 높이는 두 가지 타입으로 나뉜다. 싱크대와 비슷한 높이의 #홈바아일랜드식탁은 서서 사용하기 편해서 식사뿐만 아니라 주방의 서브 조리대 역할까지 할 수 있다. 대신 식탁 높이에 맞춰 의자도 높은 #홈바의자를 사용하는데, 회전과 높낮이 조절이 가능한 의자가 편하다. 일반 식탁 높이는 평균적인 높이의 의자라면 대부분 사용할 수 있으니 상황에 따라 집에 있는 스툴이나 화장대 의자, 책상 의자 등을 활용한다. 식탁의 폭을 조절하거나 방향을 바꿀 수 있는 #확장형아일랜드식탁이나 #접이식식탁 #확장형식탁은 1~2인 가구의 좁은 주방에 활용하기 좋다.

식탁 의자는 통일된 디자인으로 깔끔하게 배치하거나 다른 디자인을 믹스 매치하여 감각적으로 배치할 수 있다. 디자인이나 소재에 따라 가볍고 편하게 사용할 수 있는 의자와 묵직하고 안정감 있는 의자로 선호하는 취향이 나뉠 수 있다. 좌방석에 쿠션이 있는 식탁 의자를 사용하거나 일반 디자인 체어를 두고 방석을 추가하기도 한다. 의자의 개수는 보통 테이블 크기에 맞는 인원수만큼 구매하는데, 한쪽을 벤치로 대체하면 시각적으로 보이는 요소가 줄어들고 밀어 넣으면 자리도 덜 차지해서 공간에 여유를 만든다. 더 나아가 벽 쪽에 #수납벤치를 두면 식탁 주변에 보다 넓은 통행 폭과 수납공간까지 확보된다.

▲ 일반 식탁   ▲ 수납 식탁   ▲ 확장형 아일랜드 식탁   ▲ 홈바 아일랜드 식탁 & 의자

▲ 원형 식탁   ▲ 원형 식탁 & 수납 벤치   ▲ 접이식 라운드 식탁 & 수납 벤치

거실에 식탁을 배치하는 경우, 다이닝 공간에 대한 로망이 우선순위에 있다면 과감하게 소파를 포기하고 거실에 테이블을 두어도 좋다. 우리 집 같은 경우도 식사 시간이 중요하고 지인 초대를 즐기는데 막상 소파에 앉아서 보내는 시간은 없는 편이라 이사할 때 소파를 없애고 큰 테이블만 뒀다. 소파 대안으로 테이블 옆에 안락의자, 1인 소파, 라운지체어를 함께 배치해도 좋다.

소파의 편안함도 챙기면서 테이블이 있는 다이닝룸의 분위기도 연출하고 싶다면 #리빙다이닝테이블 #낮은식탁을 활용하면 된다. 거실에서 사용하도록 나오는 제품인 만큼 TV를 보기 편하고 공간이 덜 답답해 보이는 높이다. 식탁 의자보다 낮은 소파에서 사용할 수 있도록 일반 식탁 테이블보다 평균 10㎝ 정도 낮은 편이다. 좌방석과 등받이 쿠션이 있는 벤치 소파와 세트로 구성된 상품도 있고, #낮은식탁 #낮은식탁의자로 검색해서 사용하던 소파와 함께 사용할 식탁과 의자를 찾아도 된다. 또, #소파테이블주문제작을 검색하면 소파에서 사용하기 편한 높이로 맞춤 제작을 할 수 있는 곳도 있다. 일반 식탁 테이블을 소파에서 활용하려면 소파의 좌방석 높이가 45cm 정도로 식탁 의자만큼 높은 제품을 골라야 한다. 높이가 일반적인 소파와 매치할 때는 하부에 가구 발받침을 추가하거나 소파 위에 방석을 두어 높여 사용한다.

소파와 식탁을 함께 배치할 땐 소파 옆 창가에 창문과 평행을 이루는 가로 배치가 무난하다. 하지만 창가 폭이 좁다면 세로로 배치해야 통행이 편하고 원형 테이블을 두면 공간이 더 여유로워진다. 소파 옆에 공간이 확보되지 않는 거실은 소파 앞으로 테이블을 배치할 수 있고 좁은 거실은 #접이식식탁 #확장형식탁이 대안이 된다. 확장해서 사용할 공간 여유가 없다면 개인 식사용으로 작은 테이블을 두고 손님용으로 접이식 좌식 테이블을 준비할 수 있다. 좌식 테이블은 초대 인원만큼 의자를 갖추지 않아도 되고, 드문 일정에 우리 집 공간을 할애하지 않아도 된다는 장점이 있다. 매일 사용하는 테이블은 거주 인원에 맞춰 크기를 선택하고 손님용은 따로 구매하는데, 이때 두 개를 같이 사용할 수 있도록 높이를 맞추는 것을 추천한다.

원룸에서 자취할 경우 접어 두면 액자처럼 포인트가 되는 #액자테이블을 사용해도 좋다. 식사를 겸할 수 있는 책상을 두거나 작은 #콘솔테이블을 둘 수도 있다. 침대에서 노트북이나 독서를 할 때 책상처럼 사용하는 #베드테이블도 침대 밖으로 밀어내고 의자를 가져오면 식탁이 된다.

▲ 다이닝 테이블 & 벤치

▲ 다이닝 테이블 & 수납 벤치

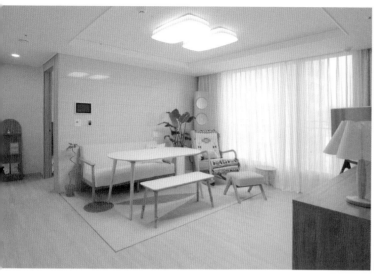

▲ 소파에서 사용할 수 있는 리빙 테이블

▲ 소파 뒤 식탁 배치　　▲ 소파 옆 식탁 배치　　▲ 소파 옆 창가 식탁 배치

▲ 소파 앞 식탁 배치

▲ 접이식 확장 테이블

이렇듯 식탁 테이블은 개인의 식사뿐만 아니라 손님 초대의 메인이 되기도 하고, 책상이나 취미 활동의 작업대가 될 수 있어서 공간과 생활에 맞춰 크기와 타입을 선택하면 된다. 생활에 필요한 기능을 적절히 겸하도록 구성하면 공간과 비용을 조금 더 효율적으로 사용할 수 있게 된다.

④ 식탁 상판

식탁 상판은 음식물에 물들거나 식기에 의해 스크래치가 날 수 있으니, 이를 감안하고 소재를 고른다. 가성비 좋은 상품에 흔히 사용되는 LPM 상판은 음식물을 흘렸을 때 바로 닦으면 잘 닦이지만 무난한 내구성으로 오래 사용하려는 목적보다는 자취할 때 사용하는 편이다. HPM(HPL)은 LPM보다 음식물이 더 잘 닦이고 좀 더 강한 내구성을 갖고 있는 만큼 가격도 조금 더 높다. 1~2년만 사용하려는 게 아니라면 LPM보다는 돈을 조금 더 주고라도 HPM 상판을 추천한다. 원목은 다른 소재에 비해 스크래치에 약할 순 있지만 음식물이 물들지 않도록 표면 처리가 되어 있어 조금만 조심한다면 오래 사용할 수 있다. 앞서 말한 소재 모두 뜨거운 건 냄비받침을 사용해야 하는데 뜨거운 것을 바로 올려도 되고 도마 없이 칼질을 해도 된다고 설명하는 세라믹 상판도 있다. 그만큼 가격대가 가장 높은 편이고 식기를 둘 때 하울링 소리가 나는 단점이 있었지만, 지금은 소리를 보완한 제품도 있다.

① 소파와 테이블

소파는 비슷해 보여도 내장재와 외피의 소재, 브랜드에 따라 가격 차이가 크다. 아늑해 보이고 따뜻한 촉감의 패브릭, 세련되고 정갈한 느낌을 주는 가죽, 그 외 반려견이나 아이가 있는 집에서 사용할 수 있도록 유지 관리가 용이하게 개발된 다양한 신소재까지 소재에 따라 느껴지는 분위기도 다르다.

소파에서 시간을 많이 보내는 사람은 넉넉한 크기의 소파와 스툴을 함께 구성하면 편하다. 집이 좁을 경우 차후 큰 소파 구입을 고려하여 가성비 좋은 상품에 초점을 맞추거나 모듈 소파를 구입해서 추가 구성만 구매하는 것도 방법이 된다. 또한 수용 인원이 같아도 좌방석 높이나 깊이, 등받이 높이, 팔걸이나 #헤드틸팅 유무에 따라 개인이 느끼는 착석감과 보이는 부피감이 다르니, 본인의 상황과 취향을 고려하여 선택한다. 앉거나 누울 때 편하도록 등받이를 밀고 당겨서 좌방석의 넓이를 조율할 수 있는 #스윙소파, 다양한 각도로 움직일 수 있는 #리클라이너소파, 침대로 바뀌는 #소파베드 등도 있다. 침대를 갖춘 집에 소파 베드를 둘 경우 주로 손님용으로 활용한다. 좁은 집을 넓게 사용하기 위해 가구들의 높이를 낮출 경우 저상형으로 활용 가능한 #좌식소파 #빈백소파도 있다. 수납이 가능한 #수납소파 #벤치소파나 #컵홀더소파 #스피커소파와 같이 다른 기능이 함께 구성된 제품도 있다. 거실 공간에 여유가 있다면 소파와 #안락의자 #라운지체어를 함께 배치하거나 #안마의자를 두는 곳도 많다.

소파 앞에 두는 좌식 테이블을 #거실테이블이라고 부를 만큼 예전에는 대부분 거실에 좌식 테이블을 뒀지만, 입식을 선호하는 경우 소파에서 사용할 수 있는 #사이드테이블이나 #리프트업테이블을 활용한다. 리프트업 테이블은 상판을 올리면 입식으로 활용이 가능해 소파에 앉아 식사할 수도 있고, 손님이 오면 좌식으로 둘러앉으면 된다. 수납공간에는 앉아서 사용할 노트북을 수납해 두면 언제든 꺼내 사용할 수 있고 노트북과 TV를 미러링하기도 편하다. 사이드 테이블은 감각적인 디자인으로 개성을 표현할 수 있는 가구가 되기도 하고, 높낮이 조절 및 바퀴로 이동할 수 있는 제품도 있어서 원하는 곳에 앉거나 서서 사용할 수 있다. 같은 크기라도 사각 테이블은 조금 더 넓게 활용할 수 있고, 라운드 테이블은 자리를 적게 차지하면서 포인트 가구가 된다. 소파 옆에 협탁이나 선반을 두면 소파 주변의 잡동사니를 수납하고 TV나 에어컨 리모컨, 충전하고 있는 폰을 거치하거나 마시던 음료 정도는 올릴 수 있는 사이드 테이블 역할도 한다.

▲ 소파 & 좌식 테이블 　　　　　▲ 소파 & 좌식 테이블 & 사이드 테이블

▲ 소파 베드 & 사이드 테이블 　　　　　▲ 수납 소파 베드 & 리프트업 테이블

▲ 소파 & 리프트업 테이블

▼ 카우치형 모듈 소파 & 사이드 테이블 　　　　　▼ 모듈형 반달 소파 & 이동식 높이 조절 사이드 테이블

② 거실 수납장

TV를 올려두는 수납장을 거실장, TV 받침이라 할 만큼 거실은 소파와 TV, 거실장의 배치가 공식화되어 있었다. 하지만 요즘은 거실을 넓게 사용할 수 있도록 TV를 벽걸이로 설치하거나 이젤형 TV 거치대, 스탠드 TV 거치대를 사용하기도 하고, TV 제품 자체가 스탠드형으로도 나오고 있어서 TV의 위치와 거치가 자유로워졌다. 벽걸이나 스탠드형은 TV 뒷면에 네트망과 케이블 타이로 공유기와 셋톱박스를 정리할 수 있고, TV 위나 아래에 셋톱박스 거치대나 셋톱박스 선반 등을 추가하면 TV 하부를 말끔히 비울 수 있다. 소량의 수납이 필요하면 수납 스툴이나 협탁 정도만 추가해서 공유기, 셋톱박스를 함께 정리할 수 있다. TV가 아닌 빔 프로젝터를 사용하거나 스마트 모니터에 무빙 스탠드를 조합해서 사용하더라도 방에 확보한 수납만으로 부족하다면 여전히 거실 벽면은 수납장을 두기 좋은 편이다.

TV 밑에 두는 #거실장 #티비다이는 TV보다 가로 폭이 여유 있는 사이즈를 둬야 안정감이 느껴진다. 폭 조절이 가능한 #확장형거실장도 있으니 상황에 따라 고려할 만하다. 일반적인 거실장은 가구 높이가 높지 않은 편인데 TV 크기와 보는 위치에 따라 높은 가구가 필요하다면 #높은거실장으로 검색하는 것이 필요한 상품을 찾는 시간을 줄여준다. 작은 생활용품을 수납할 때는 내부를 한눈에 확인할 수 있는 서랍형이 꺼내 쓰기 편하고 수납이 필요한 물건 크기의 다양성을 고려한다면 선반이 용이하다. 전선 홀이 있는 오픈된 칸이 있으면 공유기나 셋톱박스를 넣어 둘 수 있어서 깔끔한 정리가 가능하다. 이렇게 서랍과 도어 선반, 전선 홀이 있는 오픈 선반까지 3박자를 갖춘 가구가 가장 유용한데 원하는 디자인에 필요한 사이즈와 가격대를 고려하다 보면 모두 갖춘 상품을 찾기 힘들 수 있다. 가격을 낮출수록 일반 선반만 있는 경우가 많아서 이때는 선반 안에 트레이나 정리함을 넣어서 서랍 칸을 대신하고, 가구 위에 셋톱박스를 올리더라도 보관함을 활용하면 깔끔해진다.

▲ 이젤 거치대 & 작은 수납장　▲ 이젤 거치대 & 높은 거실장　　　　▲ 스탠드 거치대 & 수납 스툴　▲선반 이동식 거치대

▲ 등받이 스윙 소파 & 거실장　　　　　　　　　　　▲ 헤드틸팅 소파 & 확장형 거실장

③ 그 외

　어린아이나 아기가 있는 집은 보통 가장 넓은 거실에 놀이 매트를 깔아 아이의 놀이 공간이나 아기를 케어하는 영역으로 사용한다. 장난감이나 책을 정리하거나 육아용품을 수납하기 위해서는 거실에 수납장이 더 필요해지는데, 아이가 자라는 시기에 따라 장난감도, 필요한 물품도 달라지기 때문에 특정 시기에 맞춰진 수납장보다는 활용도가 높은 수납장을 선택한다. 예를 들어 유아기를 위한 전면 책장에서 선반의 방향만 바꾸면 일반 책장으로 활용할 수 있는 제품도 있다. 또, 집의 규모에 따라 거실에 책상과 의자를 두고 작업실을 겸하거나 옷장을 두고 옷방을 겸할 수도 있다.

11평 1.5룸 거실 겸 옷방

소파 뒤쪽은 슬라이딩 도어의 옷장으로 깔끔하게 면을 채웠다. 소파는 한쪽으로 치우치게 배치해서 옷장을 사용하기 편한 메인 동선을 조금 더 넓게 확보했다. 거실장은 적절한 높이를 위해 같은 제품 2개를 다리를 제거하고 쌓아 올려 TV 높이를 소파와 맞췄다. 수납을 최대한 확보하기 위해 거실장 양옆으로 키가 높은 수납장을 배치했다. 같이 배치한 가구들은 맞춤 가구처럼 컬러와 배치 라인을 맞춰서 깔끔하고 안정감 있는 TV 자리가 마련됐다.

▲ 12평 1.5룸 거실 겸 서재 겸 다이닝룸

▲ 15평 투룸 거실 : 안락의자 & 키즈장

▲ 25평 쓰리룸 거실 : 모듈 소파 & 키즈장

▲ 13평 투룸 거실 : 좌식 소파 & 키즈장

▲ 11평 투룸 거실 : 수납 소파 & 키즈장

① 침대

침실 배치는 침대가 좌우하는데 방문과 창문 위치를 고려하면 생각보다 가능한 배치가 많지 않다. 보통 방문과 대각선 방향 벽면에 침대 머리를 두는 게 가장 안정감 있으나 풍수에 따르면 침대 머리는 북쪽을 피하는 게 좋다고 한다. 이왕이면 풍수지리도 고려하면 좋겠지만, 배치에 제약이 있다면 편리하고 안정감이 느껴지는 위치를 선택하면 된다.

침대는 매트리스 사이즈에 따라 침대 프레임 사이즈가 정해진다. 국내 매트리스 규격의 세로 길이는 평균 2000㎜로 동일한 편이고, 가로는 싱글(S) 1000㎜, 슈퍼싱글(SS) 1100㎜, 더블(D) 1400㎜, 퀸(Q) 1500㎜, 킹(K) 1600㎜, 라지킹(LK) 1800㎜이다. 해외 브랜드는 슈퍼킹(SK), 칼킹(CK), 이스턴킹(EK) 등 부르는 명칭도 다르고 가로세로 규격이 다른 매트리스가 존재하기 때문에 사이즈 확인이 필요하다. 요즘은 혼자 살아도 싱글보다 최소 슈퍼 싱글부터 시작하고 오래 사용하는 가구라 공간이 좁아도 원하는 크기를 두기 위해 Q, K, LK까지도 사용한다. 평균적으로 Q를 사용하던 신혼부부도 K, LK에 대한 선호가 높아졌고, 수면의 질을 우선하는 경우 싱글 침대 2개를 나란히 배치하거나 호텔 트윈룸처럼 침대 사이를 띄우고 협탁을 두기도 한다. 공간에 따라 침대 프레임 없이 매트리스, 토퍼를 두고 저상형으로 지내다가 이사하면서 사용하던 가구를 게스트용으로 활용하기도 한다.

안방, 즉 큰방을 침실로 결정하는 경우가 보편적이었지만, 요즘은 잠만 자는 용도로 작은방을 침실로 정하는 경우도 많다. 작은방이라도 스탠드 조명과 패브릭으로 분위기를 만들고, 충전할 휴대폰과 물잔 정도를 올릴 수 있는 협탁이나 사이드 테이블을 두면 수면과 휴식에 집중하기 좋다. 침대와 세트로 협탁을 구매하면 당연히 컬러와 디자인이 잘 어울려서 고민할 필요도 실패할 일도 없다. 하지만 침대 옆에 놓이는 이런 작은 가구는 독특한 디자인이나 과감한 컬러로 매치해도 부담스럽지 않게 특별함이 만들어진다.

▲ 사이드보드 세트 호텔식 침대 & 장식장 : 밝은 톤으로 통일　　▲ LED 헤드보드 침대 & 낮은 수납장 : 어두운 톤으로 통일

좁은 공간에는 헤드보드에 조명이 달려있는 #LED침대에 조명이 달려있는 유용하고 배치에 따라 헤드보드가 공간을 분리하는 파티션이 될 수도 있다. 침대 하부로 통행 폭이 좁을 경우 헤드보드가 없는 #헤드리스침대 #무헤드침대를 구입한 뒤 등 받침 쿠션으로 베개를 추가하면 안정감 있어 보인다. 물론 추후 따로 구매할 수 있는 #침대헤드보드 제품도 다양하다. 침대 머리를 벽으로 붙이지 않고 머리 방향에 수납장을 배치해도 헤드보드 겸 자연스러운 공간 분리가 가능하다. 수납 공간이 필요하다면 #수납침대를 활용하고, 적은 비용으로 넓은 공간을 원한다면 #저상형침대로 계획한다.

▲ 원목 침대 & 협탁

▲ 헤드리스 침대 & 협탁

▲ LED 헤드보드 수납 침대

▲ 쿠션형 침대 & 협탁

침대 발아래 스탠바이미 TV를 둘 수 있는 영역을 확보하기 위해 무헤드 프레임과 붙이는 템바보드로 분위기를 더했다. 침대 양쪽으로 물건을 올려 두는 공간을 원했지만, 작은방이라 활용할 수 있는 영역이 좁아서 침대 왼쪽에 작은 스툴로 포인트를 주고 오른쪽(침대 안쪽)에는 틈새 선반을 뒀다.

특히 원룸의 경우는 좁은 공간을 보완하기 위해 매트리스만 두는 경우도 많은데, 여름엔 바닥 통풍이 안 돼서 습하고, 겨울엔 난방으로 직접 열이 가해지다 보니 환경에 따라 곰팡이가 생길 수도 있다. 바닥에 바로 둘 땐 최소한 #지퍼형방수매트리스커버를 사용하는 것이 좋고, 접이식 또는 롤 타입 #침대깔판 #매트리스받침대를 추가해서 보완할 수 있다. 또한 양면 사용 매트리스는 최소 6개월에 한 번씩 매트리스를 뒤집어 주고, 양면 사용이 불가능한 충전재가 올라간 제품(유로탑, 필로우탑)은 옆으로 세워서 통풍 및 건조를 해주면 된다.

▲ 저상형 침대 프레임

▲ 매트리스 & 헤드보드

매트리스 & 침대 깔판 ▶

평소엔 소파 앞 리프트업 테이블에서 식사하고 손님이 오면 사용할 접이식 좌식 테이블은 침대 헤드 뒤에 보관했다. 12평 투룸을 예산 100만 원으로 채우기 위해 침대 프레임을 구입하지 않았지만 헤드보드가 생겼다.

② 화장대 또는 수납장

　화장대는 침실에 두거나 옷방에 두고 활용하는 경우가 많다. 침실에 배치하더라도 굳이 침대와 세트로 구매할 필요는 없고 오히려 감각적인 디자인에 초점을 맞춰 포인트로 활용해도 좋다. 다양한 뷰티용품을 수납할 디바이더 서랍장과 선반으로 실용성에 초점을 맞춰도 좋다. 위치에 따라 화장대 거울이 부담스럽다면 평소 거울을 닫아 두고 사용할 때 열 수 있는 #폴딩화장대가 있다. 거울까지 수납할 수 있는 #거울수납화장대도 있고, 조명까지 갖추고 있는 #조명화장대도 있다. 서랍장과 ㄱ자 상판으로 폭 조절이 가능한 화장대, #확장형화장대는 이사를 해도 배치가 용이하고 활용도가 높다. 수납장과 화장대를 따로 구매할 경우 높이나 깊이 중 하나라도 사이즈를 맞추면 깔끔하게 정돈된 느낌을 준다. 좁은 공간에서는 책상이나 테이블이 화장대를 겸하게 할 수도 있다. 또, 수납가구에 초점을 맞춰 일반 서랍장이나 수납장 위에 거울만 추가해서 화장대로 사용하기도 한다. 화장대 의자는 자리를 적게 차지하는 스툴을 두거나 손님용으로 식탁에 활용하기 좋은 의자로 구비해도 실용적이다.

　거실장이 없는 집은 침실에 생활용품을 위한 수납장을 두기도 하고, TV를 함께 두기도 한다. 침실은 편안한 숙면을 취해야 하는 공간이기 때문에 작업실이나 옷방을 겸하기 위해 가구가 추가될 경우 산만해 보이지 않도록 주의해야 한다. 함께 두는 가구들의 색상을 통일하거나 크기를 맞춰서 가구 라인을 정리하는 것이 깔끔해 보이고 자연스럽게 영역이 분리되어 보인다.

▲ 세트 화장대　　　▲ 뷰로 화장대　　　▲ 폴딩 화장대

▲ 확장형 화장대 & 슬라이딩 수납장

▲ 확장형 화장대

▲ 조명 거울 확장형 화장대

침실

침대와 붙이는 템바보드를 오크 컬러로 맞추고 침대 옆 협탁과 화장대, 서랍장은 서로 같은 컬러에 손잡이가 같은 디자인으로 통일했다. 특히 화장대와 서랍장은 높이를 맞췄고, 화장대 위에는 비슷한 컬러의 작은 탁상 거울을 뒀다. 전체적으로 오크 컬러로 통일되어 아늑하고 안정감이 느껴진다.

거실 겸 침실

침대에서 가장 많은 시간을 보내는 편이라 가장 넓은 거실에 침대를 배치했다. 전체적으로 오픈되어 있는 공간이라 침대 헤드 옆에 답답해 보이지 않는 가벽을 설치하여 안정감을 느낄 수 있도록 구분했다. 침대에서 빔 프로젝터로 영상을 즐기는 힐링 공간이 됐다.

침실 겸 거실

거실이 없는 투룸이라 큰방에 침대와 손님이 오면 사용할 수 있는 소파 베드를 뒀다. 침대와 소파 모두 TV를 볼 수 있게끔 나란히 배치했고, 사이에 사이드 테이블을 둬서 침대의 협탁 겸 소파의 사이드 테이블로 활용할 수 있다.

침실 겸 옷방

침대 부피가 커서 공간이 넉넉하지 않지만, 옷방을 겸할 수 있도록 슬라이딩 도어 옷장을 놓았다. 침대 아래 여백은 침대와 같은 폭으로 수납장을 배치해서 부족한 수납을 확보했고, 침대에서 TV를 볼 수 있도록 높이를 고려했다.

침실 겸 힐링 룸

11평 투룸에 거실이 좁은 상황이라, 부피가 큰 안마의자를 침실에 두는 대신 사각지대에 배치하여 답답함을 덜었다. 침대에서 정면으로 보이는 벽은 빔 프로젝터로 영상을 볼 수 있도록 비워 두었고, 화장대 겸 수납장은 침대와 같은 폭으로 맞춰 배치 라인을 정리했다.

침실 겸 작업실

책상으로 활용할 화장대 가구와 수납장은 같은 라인의 제품으로 일렬로 배치했을 때 단차가 없도록 했고, 색상은 침대와 비슷하게 맞췄다. 갖고 있던 바 스툴은 협탁 대신 사용하고, 원했던 포토존도 갖고 있던 아치형 거울을 활용했다. 의자는 손님이 오면 식탁에 활용할 수 있도록 식탁 의자와 같은 제품을 두었다.

4 옷방

옷방은 기능이 우선되는 공간이지만 만약 침대를 둔다면 구역을 분리하거나 가릴 수 있는 것이 좋다. 분리된 옷방은 주로 창문이나 문이 없는 가장 긴 벽면을 옷 수납으로 채우게 된다. 이때 방문을 열자마자 답답한 느낌을 받지 않도록 문 바로 앞은 비워 두는 것을 우선으로 한다. 상황에 따라 거실이나 침실, 작업실 등 다른 생활 공간과 겸해야 한다면 입구에서 눈에 띄지 않는 사각지대(주로 방문이 있는 벽)를 활용하고, 노출되는 긴 벽면을 활용할 때는 벽처럼 깔끔해 보이게 구성한다.

① 옷장

이미 설치된 붙박이장이 있을 경우 작은방이면 옷방으로 활용하고 큰방이면 침대를 두고 침실 겸 옷방으로 활용하는 게 보편적이다. 공간이 답답하지 않고 넓어 보이려면 벽처럼 보이는 단순한 디자인이 좋다. 전월세는 붙박이장보다 옷장을 선택하는 편인데 특히 큰방이 침실 겸 옷방이 될 경우 옷장이 먼지를 방지하고 깔끔해 보인다. 옷장의 경우 이사를 해서 옷을 둘 자리가 달라져도 동일한 제품으로 추가 구성을 할 수 있고 이전 설치가 필요 없다. 공간이 좁을 땐 벽처럼 보이는 단순한 디자인에 높이가 높은 옷장을 구매하는 게 좋다. 앞서 높이가 높을수록 공간이 답답해 보인다고 언급했지만, 항상 예외는 있다. 옷장보다 붙박이장을 설치했을 때 천장이 더 높게 느껴지고 공간이 넓어보이는 이유와 같다. 높이 1800㎜ 옷장보다는 높이 2000㎜ 이상인 #키큰옷장이 천장이 더 높게 느껴지고 다양한 길이의 옷을 수용하기도 좋다. 특히 하단이나 상부에 수납장을 추가해서 거의 붙박이장처럼 보이도록 구성할 수 있는 옷장도 있다. 문을 여는 공간이 필요 없는 #슬라이딩옷장은 통행이 좁아도 사용할 수 있어서 침실이나 작업실 등 공간을 함께 사용해야 할 때 좋은 선택이 되는데. 좁은 공간에서 옷장 수납을 많이 확보해야 한다면 한쪽 벽에 일렬로 세워 벽처럼 보이도록 하는 것이 깔끔하다. 옷장 한두 개를 두는 정도면 방문이 있는 벽에 두는 것이 공간을 넓게 활용할 수 있다(처음부터 붙박이장이 있는 작은방을 보면 대개 방문이 있는 벽에 설치되어 있다). 추후 붙박이장을 설치하게 되더라도 사용하던 옷장은 작업실이나 발코니에 두고 큰 짐 수납장으로 활용하면 된다.

거는 옷 외에도 이너웨어나 양말, 개어 두는 옷을 위해 옷장에 서랍이나 선반이 구성된 상품을 사용하거나 별도의 서랍장이나 수납장을 추가 구매하게 된다. 벨트, 넥타이 등 패션 잡화나 패션 액세서리 수납에 용이한 #디바이더서랍장은 공간에 여유가 있다면 중앙에 두는 가구로 많이 쓰이는데 좁은 공간에서는 남은 벽면에 배치한다. 높이가 높지 않아서 창문 밑에 배치하면 공간을 넓게 사용할 수 있다. 일반 서랍장은 생각보다 수납할 수 있는 양이 적으므로, #폭깊은서랍장으로 검색하면 옷을 개어 넣기 넉넉한 제품을 찾을 수 있다. 그래도 두꺼운 옷은 몇 벌 들어가지 않고 사용할 수 있는 높이가 한정적이라, 수납할 옷이 많다면 선반이 있는 수납장이 더 용이하다. 같은 크기라도 서랍보다는 선반이 더 많은 수납이 가능하고, 키 큰 수납장을 사용하면 차지하는 바닥 면적이 같아도 높이에 따라 활용도가 높고 옷들이 한눈에 보여서 편하다.

▲ 거실, 슬라이딩 옷장 배치　　　　　　　　　　▲ 거실, 키 큰 옷장 배치

거실, 옷장 배치

방이 1~2개일 때 침실을 우선하게 되면 거실이 옷방을 겸해야 하는 경우가 있다. 이때 옷이 노출되지 않도록 옷장을 활용하는데, 한쪽 벽에 일렬로 배치하는 것이 깔끔하다. 다른 가구와 거리가 있다면 일반 도어 옷장도 상관없지만 소파나 식탁을 함께 두려면 슬라이딩 도어 타입이 통행과 사용이 편하다.

▲ 침실, 옷장 배치

▲ 작업실, 옷장 & 디바이더 서랍　　▲ 작업실, 슬라이딩 옷장 하부 서랍장 추가

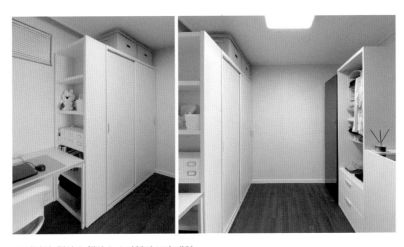

▲ 작업실, 책상 & 책장 & 스타일러 11자 배치

② 행거

옷장은 부피가 커서 배송비가 상당히 비싸다. 잦은 이사가 예상된다면 비교적 분리 이동이 쉬운 시스템 행거나 일반 행거를 사용하는 게 현명할 수 있다. 옷 정리를 위한 가장 저렴하고 간편한 상품은 행거다. 행거 하부 여백에 다른 큰 짐을 두기도 편하고 구성 자체에서 이불이나 개어두는 옷을 두는 선반이 있는 제품도 있다. 벽면을 코너로 활용할 수 있는 #코너형행거도 있는데 이사를 고려한다면 배치가 어떻게 바뀔지 모르니 코너형보다 폭 조절이 가능한 일자 행거 2개를 활용해도 좋다. 가급적 깔끔한 #커튼형행거를 추천하고 상품과 함께 오는 커튼 외에도 자신이 원하는 봉집형 가리개 커튼으로 교체할 수 있다. 이너웨어나 개어 두는 옷을 정리하기 위해 행거 안에 수납장을 추가하면 편한데 가격대가 저렴한 플라스틱 서랍장, 오픈된 선반 수납장으로도 충분하다. #시스템행거도 폭 조절이 가능한 제품이 있으며 ㄱ자 ㄷ자 배치가 가능한 코너형을 함께 구성할 수 있다. 또한 윗면에 선반이 있는 제품은 옷에 먼지가 앉는 걸 방지한다.

▲ 11자로 배치한 커튼 행거와 거울

행거 내부에 도어 수납장이나 플라스틱 서랍장, 오픈 선반, 이불 보관함 등을 추가로 배치할 수 있다. 커튼형 행거라면 추가한 가구까지 깔끔하게 가려진다.

▲ 일자로 배치한 확장형 시스템 행거   ▲ 코너에 배치한 시스템 행거   ▲ ㄷ자로 배치한 맞춤형 시스템 행거

시스템 행거 자체에 커튼 설치가 가능한 제품도 있지만 일반 행거를 사용하고 있거나 시스템 행거를 일렬로 배치했다면 천장에 커튼레일이나 커튼봉을 설치해서 커튼으로 문을 만들 수 있다. 천장에 구멍을 낼 수 없다면 4m 이상의 벽면도 설치 가능한 강력 압축봉을 활용하면 된다. 커튼레일에는 핀형 커튼이 가장 사용하기 편하고, 커튼봉이나 압축봉에는 봉집형 커튼을 사용하면 된다. 설치할 길이가 길어서 두꺼운 봉을 사용한다면 봉집형보다 아일렛형 커튼이나 커튼링을 사용하는 게 커튼을 움직이기 더 쉽다. 옷방이 분리되어 있다면 커튼 설치가 필수는 아니지만 옷 외에도 큰 짐을 넣고 가려 둘 수 있어서 깔끔한 집을 완성할 수 있다. 커튼을 처음 사용할 때는 다리미로 주름을 편 다음 설치하는 것이 깔끔하고, 행거 커튼과 가까이 있는 창문은 또 다른 커튼을 설치하는 것보다 블라인드가 더 쾌적한 느낌을 준다.

거실, 행거 배치

소파와 TV는 마주보고 창문을 가리지 않도록 방 입구에 설치한 행거는 측면에 가벽을 세워 방에서 내다볼 때 깔끔해 보이도록 했고, 가벽까지 커튼레일을 설치해 여닫을 수 있는 커튼 문을 만들었다. 갖고 있던 책장과 플라스틱 서랍장을 내부에 함께 넣어 옷방 영역을 분리하고 가릴 수 있다.

▲ Before　　　　　　　　　　　　　　　　　▲ After

창밖이 복도라서 창문을 열 수 없는 상황이라 방문 바로 앞에 있던 왼쪽 행거를 창문 벽으로 옮겨 프라이버시를 지킬 수 있게 했다. 또 좁고 긴 형태의 작은방이라 11자보다는 ㄱ자로 배치해 공간이 넓어 보이도록 했다. 패션 잡화 정리를 위한 키 큰 수납장을 추가하고 부드럽게 여닫을 수 있도록 커튼레일에 핀형 커튼을 설치해서 노출된 옷을 깔끔하게 가렸다.

▲ Before　　　　　　　　　　　　　　　　　▲ After

거실이 옷방을 겸해야 하는 상황이라, 옷 수납에 효율적인 행거를 설치했다. 갤 수 있는 옷이나 잡화를 넣기 위해 키 큰 수납장과 서랍장, 이불 보관함을 추가했다. 거실에서 편안한 시간을 보낼 수 있도록 커튼을 설치해서 깔끔하게 가렸다.

③ 거울

붙박이장이나 옷장을 둔다면 가구 도어에 거울을 구성할 수 있지만 행거나 거울이 없는 옷장을 사용할 경우 전신 거울을 따로 마련하게 된다. #거치형전신거울 #스탠드전신거울은 자리를 차지하지만 배치가 간편하고 저렴하다. 거울이 자리를 차지할 경우 입었던 옷이나 벗어둔 잠옷을 걸거나 올려둘 수 있는 #전신거울행거를 활용하면 1석 2조다. 벽에 세우는 전신 거울이나 #벽걸이전신거울은 바닥 면적을 차지하지 않아 공간이 넓어 보이고 통행이 편해진다. 전신 거울을 둘 만한 벽면조차 없다면 #문걸이거울을 활용할 수 있다. 방문을 여닫을 때 느껴지는 흔들림이 신경 쓰인다면 도어 걸이 부분에 남는 여백을 채우거나 실리콘 테이프로 고정하면 흔들림을 잡아줄 수 있다. 간편하게 붙여서 사용하는 접착식 거울이나 부착식 거울은 아크릴 거울이 대부분이라 왜곡이 있고 깨끗하게 보이지 않아서 메인 거울보다는 서브로 활용하는 것이 좋다.

▲ 작은 옷방 : 커튼 행거, 디바이더 서랍과 키 큰 수납장, 스탠드형 거울, 블라인드

▲ 침실 겸 옷방 : 커튼 행거, 수납형 침대, 문걸이 거울, 블라인드

기본적으로 책상과 의자를 배치하는 서재 또는 작업실은 개인 활동 영역으로서 그 중요성이 더 커지는 추세이다. 재택근무나 프리랜서가 많아지면서 직장과는 다른 분위기의 업무 환경을 갖춘 홈 오피스 공간으로 컴퓨터나 노트북을 사용하는 것 외에도 취미 활동을 하거나 수집품을 진열하는 등 다양한 용도로 사용할 수 있는 공간이 되었다.

① 책상

노트북을 사용하는지, 컴퓨터를 사용하는지, 듀얼 모니터를 사용하는지, 몇 명이 거주하고 몇 명의 책상이 필요한지 등에 따라 배치가 달라진다. 노트북을 사용하거나 스터디, 취미 활동이 메인이 되는 책상은 꼭 벽을 볼 필요는 없어서 #식탁테이블을 책상으로 활용해도 충분하다. 단, 본디 식사하는 자리인 만큼 노트북을 치우고 함께 사용하는 것들(문구류, 책, 수첩 등)을 깔끔하게 수납할 수 있는 곳은 필요하다. 치워둘 곳이 멀면 책상 위를 깔끔하게 유지하기 어려우니, 이동할 필요 없이 사용한 자리에 앉은 채로 바로 치울 수 있는 테이블 하부나 가까운 옆이 좋다. 노트북은 사용 위치에 제약이 없는 편이라 수납이 가능하고 소파 높이로 올릴 수 있는 #리프트업테이블, 침대에서의 #베드테이블, 필요할 때만 펼쳐서 사용하는 #접이식테이블을 사용할 수 있다. 특히 리프트업테이블은 수납이 가능해서 평소 노트북이나 사무용품, 문구류 등을 바로 보관할 수 있어 편하다. 본체로 연결하는 선이 많은 컴퓨터는 뒷면이 노출되지 않도록 벽을 보는 배치를 권한다. 벽으로 배치해도 측면으로 보이는 의자 다리, 컴퓨터 본체, 전선이 산만해 보인다면 서랍을 배치하거나 패브릭, 타공판으로 깔끔하게 가리는 것이 좋고, 측면이 막힌 책상을 사용하는 것도 한 방법이다.

책상은 방문 정면으로 모니터가 노출되는, 방문을 등진 배치보다는 사각지대(방문이 있는 벽면)에 배치하고 방문을 바라보는 것이 더 안정감 있고 방이 깔끔해 보인다. 벽을 바라보고 있는 자리는 집중력이 올라가고, 창문이나 방문을 바라보게 한 열린 자리는 개방감이 있어서 답답한 느낌이 줄어든다. 독립된 작업실 외에도 거실 겸 작업실, 침실 겸 작업실 모두 해당한다. 주어진 공간에 가구를 놓다 보면 배치가 겹치기도 하는데, 예를 들어 작은방에 둘 책상과 부피 큰 수납장은 둘 다 방문이 있는 벽면에 배치하는 게 최선이지만, 우선순위에 따라 선택한다. 만약 공간이 답답해 보이는 걸 피하고 싶다면 수납장을 벽면에 두어 눈에 띄지 않게 배치한다. 반대로 집중할 수 있는 환경이 중요하다면 책상을 벽면에 두어 방문을 바라보게끔 배치한다.

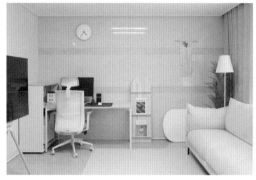

▲ 거실 겸 작업실, 벽 배치

▲ 침실 겸 작업실, 창가 배치

▲ 작업실, 중앙 배치

▲ 작업실, 사각지대 배치

#서랍책상을 활용하거나 서랍장을 추가하면 각종 사무용품이나 취미용품을 수납하기 좋다. 책상과 세트로 나오는 서랍장 가구도 있고, 별도로 철제 서랍, 패브릭 서랍장, 트롤리를 책상 하부 또는 가까운 옆에 두면 편하다. 특히 책상 서랍이나 추가한 수납공간에 뷰티용품을 정리하고 탁상거울이나 벽 거울을 갖춰 화장대를 겸할 수 있다. 이때 자주 사용하는 화장품을 책상 위에 두고 싶다면 바구니에 담는 것이 깔끔하다. 책상 상부나 하부에 선반이 추가된 #선반책상일 경우 상부 선반은 데스크 용품이나 수첩 등 책상에서 간편하게 활용하는 것들을 두거나 소품을 올리는 장식적인 역할이 가능하고, 하부 선반은 컴퓨터 본체 또는 책을 두거나 발을 올릴 수 있는 발받침으로도 편하다.

책상 겸 화장대 & 서랍장
책상과 높이, 깊이가 같은 서랍장을 추가해 영역 확장

▲ 책상 겸 화장대 & 트롤리　　　▲ 책상 겸 화장대 & 선반장 & 바구니

    1인 책상의 가장 일반적인 사이즈는 가로 1200㎜, 세로 600㎜ 정도로 듀얼모니터까지 사용 가능하다. 좁은 공간이라면 가로 1000㎜도 사용할 만하고, 책상 영역을 확보하기 어려운 공간은 가로가 800㎜이거나 깊이가 400㎜인 슬림하고 작은 #1인책상 #콘솔테이블을 설치하면 노트북 사용이 가능하다. 하지만 요즘은 책상에서 하는 활동이 다양해지면서 가로 1400㎜ 이상의 넓은 책상을 원하는 경우가 많고, 업무의 효율성을 높이기 위해 ㄱ자로 배치하는 #ㄱ자책상 #코너형책상이나 장시간 사용 시 허리 건강을 위해 높이 조절이 가능한 #모션데스크를 사용하기도 한다. 선반 또는 서랍과 ㄱ자 책상으로 구성된 #확장형책상은 폭을 조절하거나 일자 배치 또는 ㄱ자 배치로 공간 변화에 맞춰 활용할 수 있다. 수동으로 높이를 바꿀 수 있는 #높이조절책상으로 저렴하게 모션 데스크를 대신할 수도 있다.

▲ 확장형 책상 & 서랍 세트

▲ 확장형 책상

▲ Before

▲ After

작은 책상으로 스터디와 취미 활동을 하기 부족해서 같은 높이의 책상을 ㄱ자로 추가 배치했다. 새로 구매한 메인 책상은 벽으로 붙여 집중할 수 있는 스터디존으로 만들고, 취미용 책상은 개방감이 느껴지도록 옆에 뒀다. 컴퓨터 모니터는 방향을 바꾸며 양쪽 모두 활용할 수 있다.

▲ 높이 조절 책상 & 작업대 ㄱ자 배치

▲ 서랍 책상 & 가벽

2인용 책상은 한쪽 벽면으로 나란히 배치할 때 차지하는 공간이 적고 깔끔해 보인다. 긴 책상 하나를 활용할 수도 있는데, 이 경우 책상 하부도 더 넓고 의자로 자리 이동이 자유로워서 소통하기도 편하고, 혼자 사용할 때 더 넓은 공간을 활용할 수 있다. 같은 벽면을 보게 배치하더라도 사이에 간격을 띄우면 각자의 영역으로 분리된다. 사이에는 함께 쓰는 프린터나 공용품을 두면 양쪽에서 사용하기 편하다. 스터디나 취미 활동을 같이 하는 경우에는 책상을 하나 두고 마주 보고 앉으면 카페에서 스터디하는 기분을 느낄 수 있다. 이때는 깊이를 800㎜ 정도는 확보해야 각자의 책이나 노트북을 편하게 활용할 수 있다. 각자의 업무에 조금 더 집중할 필요가 있다면 서로 등을 지거나 각자 다른 벽면을 향해 앉게끔 배치한다. 분리된 공간이 필요할 경우 책상을 다른 방에 따로 두더라도 같은 책상으로 통일하면 추후 함께 배치할 상황이 생겼을 때 깔끔하게 둘 수 있다.

▲ 책상 1개 마주보는 배치

▲ 책상 1개 나란히 배치

▲ 책상 2개 나란히 배치

▲ 책상 2개 띄워 배치

▲ 책상 2개 등지는 배치

#식탁의자 #디자인체어를 의자로 활용하면 공간이 더 넓어 보이고 감성적인 분위기를 만들 수 있다. 특히 손님이 오면 식탁 의자로 활용이 가능하도록 책상과 식탁에 잘 매치되는 것을 선택하면 좋다. 하지만 책상에 앉아 있는 시간이 많은 편이라면 기능을 중시한 #사무용의자 #학생의자를 사용한다. 부피가 큰 편이라 방이 좁아 보일 수 있는데, 프레임 컬러나 두께, 팔걸이나 헤드레스트 유무에 따라 차이가 크다. 심플한 디자인일수록 공간을 적게 차지하고 미관을 해치지 않지만 허리가 불편하거나 착석감이 중요하다면 직접 앉아보고 결정하는 것도 좋다. #게이밍의자를 선호한다면 부피가 더 큰 만큼 화려한 것보다 무난한 컬러가 덜 답답해 보인다. 좌식 생활을 택한 좁은 원룸에도 #좌식의자를 함께 사용하면 허리 건강에 도움이 된다.

② 책장

책장은 책상 옆 배치가 가장 사용하기 편하고 효율적이다. 책상과 같은 브랜드의 같은 라인으로 나온 책장을 구매하면 규격이나 색감을 맞추기 쉽다. 특히 책상과 책장을 T자, ㄱ자로 붙여서 배치할 때 높이가 딱 맞아떨어져서 깔끔하고 책상이 더 넓게 확장된다. 또 필요한 폭으로 배치할 수 있는 #폭조절책장도 있다. 책상과 책장이 하나로 연결된 상품은 가격도 저렴하고 간편하지만, 나중에 책장만 추가하거나 책상 영역을 확장할 때 통일감을 만들기 어려울 수 있다.

형형색색의 책들이 꽂힌 책장의 위치는 가급적이면 눈에 띄는 방문 정면 배치는 피한다. 한눈에 확인이 가능하고 바로 꺼내기 편한 오픈 선반과 깔끔하게 가려둘 수 있는 도어가 함께 있는 책장을 활용해도 좋다. 하지만 책장을 책상 측면에 맞닿게 배치할 경우 하부 도어를 사용할 수 없기에 도어가 없는 제품을 활용하거나 하부 도어를 상부로 옮겨 설치해도 깔끔하게 활용할 수 있다. 상하부 모두 도어가 있는 제품도 있으니 책상과 책장 배치에 따라 도어의 필요 유무를 정한다. 책장의 높이가 높을수록 공간이 답답해질 수 있으니 필요한 양이나 배치될 장소에 따라 높이를 조율한다. 전면 오픈형으로 크기에 비해 저렴하게 구입할 수 있는 가벼운 책장도 있고, 북 타워나 조립식 철제 선반, 공간 박스를 활용하면 비용이 저렴하고 이사할 때도 편하다.

▲ 책상 뒤 책장 배치   ▲ 책상 측면 책장 배치

가구 구매하기

▶ 구입할 가구 리스트 만들기

요즘은 사진이나 영상에 등장하는 상품 정보가 공유되는 경우가 많아서 필요한 가구나 소품을 구입하기 전에 정보를 얻는 데 많은 도움이 된다. 하지만 마음에 드는 상품이 있을 때마다 장바구니에 넣어두거나 찜하기, 북마크를 해두는 방법으로는 막상 필요할 때 어떤 상품을 어디에 저장해뒀는지 기억하지 못하는 등 분명 한계가 있다. 그러므로 영역별로 마음에 드는 상품들의 링크를 하나의 파일로 정리해 두면 필요할 때 다시 상품들을 확인하고 비교하면서 선택하기가 수월하다. 엑셀이나 워드프로세스를 비롯해 본인이 사용하기 편한 프로그램이나 앱을 이용하면 되는데, 엑셀을 이용하면 좀 더 편리하다. 엑셀을 잘 다루지 못하더라도 간단한 수식으로 상품 목록에 따른 합계 비용을 수정, 관리할 수 있어 예산에 맞춰 상품을 대체하거나 결정할 때 도움이 된다. 또한 구입한 상품의 A/S, 교환이나 환불, 재구매가 필요할 때 구매 정보를 쉽게 찾을 수 있다. 가전과 가구는 리스트를 따로 정리하면 좋고 인터넷 구매가 아닌 경우 링크 대신 구매한 매장에 대한 정보를 적어 두면 된다. 설치 기사 명함이나 A/S문의 연락처도 메모해 두면 편리하다.

주 방 / 거 실				
품 목	옵 션	가 격	배송비	링크
합 계				가격 + 배송비 합계 금액

침 실				
품 목	옵 션	가 격	배송비	링크
합 계				가격 + 배송비 합계 금액
최종 합계			가격 + 배송비 합계 금액	

리스트 예시

▶ 온라인에서 가구 구매하는 요령

• 메인 가구 먼저

효율적인 배치와 통일감을 위해서는 공간을 차지하는 면적이 커서 전체 분위기에 큰 영향을 미치는 메인 가구(침대, 소파, 옷장, 식탁 등)부터 결정하고 잘 어울릴 만한 서브 가구를 찾는다. 부피가 큰 메인 가구부터 배치한 후 서브 가구, 패브릭이나 소품을 결정한다.

• 상품 찾는 방법

오프라인 매장이나 쇼룸을 방문해 직접 확인한 후 구매하거나 온라인으로 다양한 상품을 비교한 후 구매한다. 선택의 폭이 광범위한 온라인으로 원하는 상품을 찾을 땐 상세한 옵션을 함께 검색하는 것이 좋다. 예를 들면 침대는 매트리스 크기에 맞춰 검색하고, 소파도 2인, 3인, 4인 소파 등 원하는 크기를 검색한다. 그 외에도 책상이나 수납 가구 등 사이즈를 함께 검색하면 필요한 규격의 제품만 확인할 수 있다(800 수납장, 1200 책장, 1600 책상 등 주로 가로 길이가 기준이 된다). 일반 수납장보다 높은 수납이 필요하면 높은 수납장, 더 높은 수납장이 필요하면 키 큰 수납장, 깊은 서랍이 필요하면 폭 깊은 서랍장, 광파 오븐 렌지대 등 구체적인 키워드를 포함하여 검색한다. 또한 같은 가구도 사이트마다 때에 따라 가격이 다르기도 하니 할인율도 살펴보면서 비교한다.

• 구매 후기

상품의 상세 페이지를 꼼꼼히 살피는 것뿐만 아니라 최대한 많은 후기를 보고 후기 내용과 사진에 함께 배치된 가구까지 눈여겨보면 좋다. 색상이나 배치 등 실제 구매한 사람의 글은 판단에 도움이 된다. 평점이 낮은 후기도 확인하여 어떤 문제가 있을 수 있는지 고려한다.

• 배송 일정과 비용

지정 배송이 가능한 제품도 있지만 그렇지 않은 상품이 더 많다. 배송 일정은 보통 서울·경기권은 3~7일, 경기 외곽과 지방은 7~15일로 안내되어 있으니 참고하고, 재고 확보로 인해 제품 준비 자체가 지연되거나 가구의 컨디션을 위해 날씨에 따라 배송이 미뤄질 수 있다는 것을 감안하는 것이 좋다.

지역에 따라 기본 배송비가 다르게 책정되고 추가 비용이 붙기도 한다. 또 구매 옵션의 크기에 따라서도 배송비가 달라지니 배송에 관련된 내용은 꼼꼼히 확인해야 한다. 엘리베이터가 없어 계단으로 배송할 경우 층마다 추가 비용이 붙거나 부피가 큰 가구는 몇 층 이상부터는 계단 배송이 불가해서 고객 부담으로 사다리차를 불러야 하는 경우도 있다. 오래 머무르지 않을 전월세, 특히 자취생은 배송비가 비싼 부피 큰 가구의 구입은 고민해 보는 것이 좋다. 배송비와 배송 가능 여부를 신경 쓰지 않아도 되는 대체 상품으로 마켓비, 이케아 등 조립 제품이 인기 있다.

가급적이면 직접 배송을 받고, 상품의 하자 여부를 바로 체크한다. 편리한 만큼 온라인으로 주문하는 가구에 대한 한계를 인지하고 스트레스를 덜 받는 선택을 하는 것이 좋다.

다른 집 구경하기

"나를 위한 취향을 담은 집"

#실평수 9평 행복주택 #1.5룸 #1인 자취 #구매 비용 약 220만 원

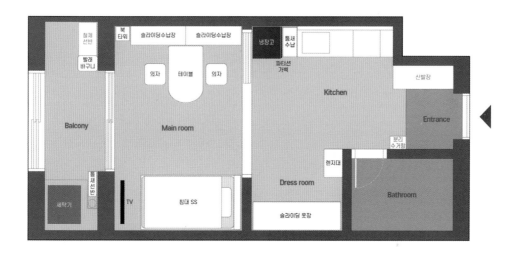

1 Conditions

• 주방과 방 하나가 미닫이문으로 분리된 구조

2 Client's Needs

- 밝고 따뜻한 분위기, 옐로우 컬러 선호
- 수집한 굿즈 진열
- 침대에서 휴식과 식사를 할 때 TV 시청

3 Home styling

Kitchen & Dress room

냉장고를 두고 남는 여백에 싱크대와 높이가 같은 틈새 슬라이딩 수납장을 배치해서 식품을 수납하고 에어프라이어를 올려둘 수 있도록 싱크대를 연장했다. 갖고 있던 네트망 가벽을 냉장고 옆에 설치해서 영양제와 냄비 받침, 핸드타월을 거치한다.

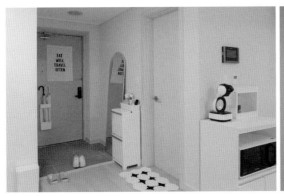

    현관 쪽에 전신 거울과 분리수거함을 뒀고, 싱크대와 가까운 자리에 전자레인지를 수납할 수 있는 작은 주방 가구를 추가하여 커피 머신도 뒀다. 오픈되어 있는 현관 주방 쪽은 화이트&블랙 컬러로 정리했다. 식사는 에어컨이 있는 방에서 하길 원해서 주방 남은 영역에는 슬라이딩 도어 옷장을 두고 공간 활용도를 높였다. 벽에는 코트랙을 설치해서 벗은 잠옷을 걸어 둘 수 있다.

Main room

    미닫이문을 제외한 벽면은 슈퍼싱글(SS) 사이즈의 침대를 알맞게 둘 수 있었고 LED 헤드보드가 조명과 협탁을 대신한다. 수납형 침대로 이너웨어나 양말, 홈웨어 수납을 해결했고 옷장과 가까운 위치라 사용하기 편하다. 스마트 모니터와 이동식 스탠드 거치대로 각도 조절이 자유로운 이동식 TV를 만들어서 침대뿐만 아니라 식탁 테이블에서도 TV를 볼 수 있다. 벽시계는 주방, 옷장, 침대, 테이블 어디서든 볼 수 있는 위치에 걸었고, 포인트 가구로 활용한 모래시계 모양 스툴은 화분 받침으로 활용 가능하다. 주로 생활하는 방은 선호하는 컬러인 버터옐로우를 바탕으로 스카이블루 컬러를 믹스했다.

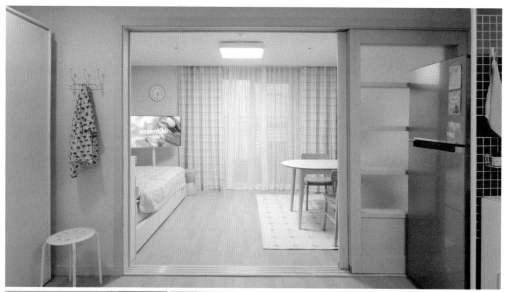

　침대를 둔 휴식 영역과 식탁 테이블을 둔 활동 영역을 나눴는데 러그가 그 영역을 더 확실히 구분 지어 준다. 식탁 테이블 하나로 책상과 화장대 역할까지 해결하기 위해 미닫이 도어 수납장을 함께 배치해서 관련된 물건들을 앉은 자리에서 사용할 수 있도록 했다. 방 안쪽으로 남는 자리에 북타워를 두고, 벽 선반을 설치해서 수집하는 굿즈를 진열했다. 테이블 한쪽은 라운드형이라 방이 더 넓어 보이고, 공간을 여유 있게 활용하기 위해 의자는 2개만 구성했다. 대신 옷장 앞에 둔 스툴과 침대 밑에 둔 스툴을 가져오면 4인까지 앉을 수 있다.

다른 집 구경하기

"둘만의 휴식을 누리는 집"

#실평수 10평 오피스텔 #1.5룸 #2인 신혼 #구매 비용 약 250만 원

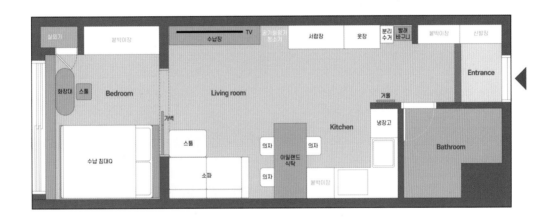

1 Conditions

• 좁고 길게 이어진 구조에 사용할 수 있는 문이 없어 원룸과 같은 상태

2 Client's Needs

- 둘만의 조용한 휴식을 위한 집
- 밝고 따뜻한 분위기
- 넉넉하게 사용할 수 있는 큰 식탁 테이블

3 Home styling

Entrance

좁고 길게 이어진 공간에 데드스페이스를 최소화하고 여유 공간을 최대화하기 위해 벽을 따라 가구를 일렬로 배치하니 현관에서 보이는 실내 공간에 원근감이 생겨 더 깊고 넓어 보인다. 붙박이 신발장과 가구 사이에 둔 분리수거함과 빨래 바구니 햄퍼는 사용 동선도 편하고 거실에서 눈에 띄지 않아 깔끔하다.

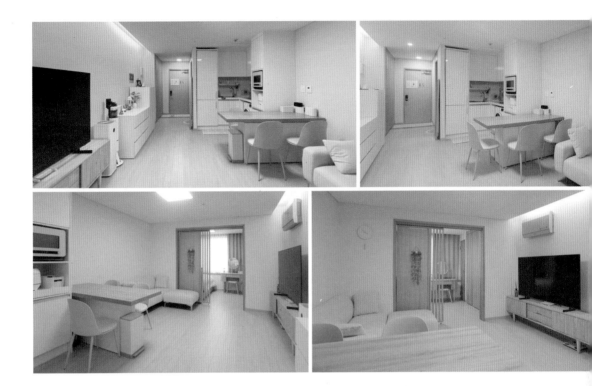

　침실의 작은 붙박이장으로 부족한 옷 수납을 위해 화이트 싱크대와 마주 보는 자리에 화이트 가구를 추가했다. 답답해 보이지 않도록 낮은 옷장과 폭 깊은 서랍장으로 폭을 맞춰 가구의 라인을 일자로 정리했다. 거실장과 간격을 띄워 거실 영역을 분리하고, 그 사이에 공기청정기와 청소기를 눈에 띄지 않게 둘 수 있었다.

　식탁은 공간을 가로지르는 방향으로 배치해서 주방과 거실이 분리되도록 했다. 노트북을 사용하거나 취미 생활을 할 수 있는 책상을 겸하기 위해 수납형 아일랜드 식탁을 두고 책이나 전자기기, 문구류 등을 수납해 그 자리에서 편하게 사용할 수 있도록 했다.

Bedroom

　오픈된 자리에 화장대를 배치해 포인트를 주고 거실장과 같은 원목 템바보드로 통일감을 줬다. LED 헤드보드가 있는 수납형 침대로 협탁, 조명, 수납장을 대체해서 가구의 수를 줄였다. 공간을 분리한 가벽 덕분에 현관이나 주방, 거실 등의 활동 영역에서 침대 프레임의 뒷면이 보이지 않아서 깔끔하다. 타공 가벽과 스트라이프 가벽을 함께 매치해서 가려둔 면적에 비해 답답하지 않고, 문이 없어 개방감을 준다. 침실은 붙박이장과 몰딩의 컬러를 고려해서 우드 톤으로 통일했다.

다른 집 구경하기

"혼자 또는 함께 살아도 좋은 집"

#실평수 12평 #1.5룸 #1인 자취 #비용 300만 원

1 Conditions

- 현관 옆 작은방 하나와 주방을 지나 거실이 나오는 구조
- 매매한 집으로 화장실 및 장판, 도배, 신발장 공사를 별도 진행

2 Client's Needs

- 자취를 하다가 결혼 후 첫 신혼집이 될 수 있음을 고려
- 소유하고 있는 4인용 소파 배치

3 Home styling

Entrance & Bedroom

　현관과 작은방 사이 남는 여백엔 슬림한 분리수거함을 두고 독립된 작은방을 침실로 정했다. 두꺼비집 커버와 암막 커튼은 취향을 반영한 핑크 컬러로 포인트를 줬다. 침대를 두고 발 아래 작은 창고 문을 여닫을 수 있도록 헤드가 없는 것을 골랐고 대신 베개를 추가했다. 하나는 갖고 있는 침구와 어울리는 체크, 하나는 포인트 컬러를 적용한 핑크 체크로 구성했다. 침대를 두고 남은 여백에 둘 수 있는 가로 80cm의 화장대는 최대한 많은 수납이 가능한 제품으로 했다.

Kitchen

주방 싱크대 맞은편은 수납을 확보하기 위해 같은 디자인의 가로 1200㎜ 수납장과 600㎜ 수납장을 나란히 배치했다. 화장실 조명 스위치와 난방 조절기가 있는 자리엔 밥솥 레일장만 두고 그 옆에는 상부장 세트 제품을 두어 공간이 덜 답답해 보이면서 수납과 분위기를 둘 다 챙겼다. 거실로 통하는 공간은 미닫이문 대신 패브릭 커튼을 달아 산뜻한 느낌으로 주방과 거실을 분리했다.

Living room & Dress room

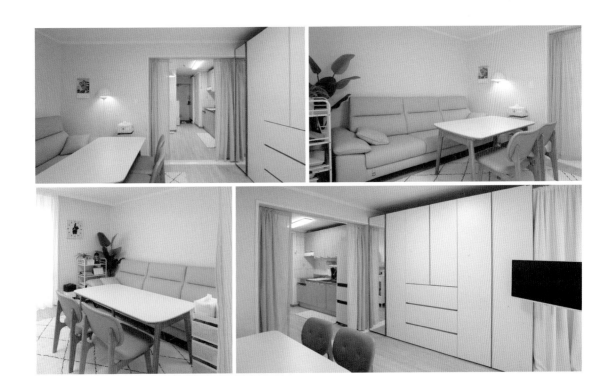

작은방 하나를 침실로 분리하면서 거실이 옷방을 겸할 수 있도록 벽을 따라 키 큰 옷장을 최대한 일렬 배치했다. 옷장 옆으로 남는 영역은 에어컨을 배치하고 여백에 생활용품 등을 정리해 압축봉에 가리개 천으로 깔끔하게 가렸다. 반대쪽 긴 벽을 따라 4인용 소파를 배치하고 소파에서 식사하거나 노트북을 할 수 있도록 높이가 낮은 리빙 테이블과 낮은 의자를 같이 매치했다. 추후 신혼집이 되더라도 충분한 크기고, 양쪽으로 최대 6인까지도 가능하다. 옷장과 소파는 현관에서 봤을 때 시야를 가로막는 부분이 없도록 개방감을 고려해서 배치해 조금 더 넓게 느껴진다.

다른 집 구경하기

"실용성에 감성을 더한 집"

#실평수 11평 빌라 #투룸 #3인 가족 #구매 비용 400만 원

1 Conditions

- 현관 정면으로 바로 거실이 등장하고 좌우로 각각 방이 하나씩 있는 투룸
- Before 촬영 후 바닥 장판 교체 및 문, 문틀, 몰딩 화이트 페인트칠 작업 별도 진행

2 Client's Needs

- 아이와 육아용품 촬영을 위한 포토존 필요
- 아이의 놀이 공간 및 육아 도우미의 휴식
- 손님 초대를 위한 식탁 및 파스텔 톤의 홈 카페 감성
- 현관, 아트월, 주방 분위기 변화

3 Home styling

Entrance & Kitchen

현관문은 밝은 컬러지만 유지 관리가 용이하도록 톤다운된 팬톤 우드앤메탈 페인트 JOJOBA(14-0935) 컬러로 칠했다. 중문의 역할로 방한·방풍 효과를 더할 수 있는 두꺼운 커튼을 선택했고, 부드럽게 여닫기 좋은 커튼레일로 설치했다. 덕분에 현관 바로 앞에 있는 소파에서 안정감을 느낄 수 있게 됐고 현관의 신발이 보이지 않아 쾌적해 보인다. 주방 타일은 팬톤 타일페인트 White로 칠하고, 싱크대도 팬톤 우드앤메탈 페인트로 상부장은 따뜻한 느낌의 Snow White(11-0602), 하부장은 Almond Oil(12-0713) 컬러로 취향을 충족했다.

　작은 냉장고를 넣고 남은 자리에 밥솥을 둘 수 있는 레일 수납장을 넣어 주방 가전과 식품 수납 공간을 확보했다. 벽에 설치한 철제 타공판에 걸이, 선반, 수납함을 추가해서 식탁에서 사용하기 편한 물건을 두거나 홈 카페 분위기를 만들 수 있다. 거실은 아이 놀이 공간이라서 식사는 주방에서 할 수 있도록 주문 제작한 합판 2개를 ㄱ자 선반으로 만들어서 레일 수납장과 벽 타공판에 고정하고, 하부에 확장형 식탁을 뒀다. 덕분에 커피 머신이나 전기 포트 등 물건을 치울 필요 없이 식탁을 바로 사용할 수 있고, 하부 수납 활용을 유지하면서 식사할 때 사용할 스툴도 보관할 수 있다.

　손님이 오면 거실의 놀이 매트를 접고 주방에 있는 확장형 테이블을 가져와 활용한다. 소파를 벤치 의자로 사용하고, 식탁 스툴과 화장대 의자를 가져오면 6인도 사용할 수 있는 다이닝 공간이 된다.

스탠드 에어컨을 두고 남은 벽 길이와 딱 맞는 거실장으로 공간을 최대한 활용했다. 템바보드 도어가 은은한 포인트가 되고, 원래 있던 다리는 장난감이 굴러 들어가지 않게 제거했다. 특히 슬라이딩 도어라 거실에 두꺼운 놀이 매트가 깔려도 문을 여닫을 수 있고 추후 열어 두고 아이의 책장으로 활용해도 좋다. 부족한 수납을 해결하기 위해 서랍형 수납 소파를 두기로 했고 좁은 거실이 답답해 보이지 않도록 가전, 가구 모두 화이트 컬러를 메인으로 통일했다. 수납 소파는 등받이 쿠션을 치우면 편하게 누울 수 있을 정도로 좌방석의 깊이가 깊어서 육아 도우미분도 누워서 쉴 수 있고 꽤 많은 양의 아이 장난감을 수납할 수도 있다. 좌방석과 등받이 쿠션은 따뜻한 버터 컬러의 커버를 씌워서 톤을 맞췄고, 인터폰은 여닫을 수 있는 라탄 우드 케이스를 씌웠다. 거실은 놀이매트를 깔고 아이 놀이 공간으로 지내다가 손님이 오면 다이닝 공간으로 활용된다.

LK 사이즈의 저상형 침대를 두는 것만으로 창문이 있는 벽은 여백이 남지 않았고 방문만 열고 닫을 수 있을 정도로 작은 방이라서 수납장을 두면 통행 폭이 확보되지 않을 상황이었다. 방문 정면으로는 보이는 벽에 작은 수납장 정도는 추가할 수 있어서 아이와 육아용품을 촬영하기 위한 포토존으로 아치형 장식장을 뒀다. 포인트로 파스텔 컬러 액자를 걸고, 장식장 위에 올려둔 우드 선반과 옐로우 단 스탠드는 실리콘 테이프로 부착하여 떨어질 걱정 없이 안전하다. 수납장이 없는 대신 아이 케어용품을 담아둔 트롤리를 침실과 거실로 끌고 다니며 활용한다.

작은방 입구에 있는 좁은 틈새 코너도 주방과 가까워 슬림한 분리수거함을 두고 활용할 수 있게 했다. 작은방 가장 긴 벽에는 시스템 행거를 두고 커튼레일에 화이트 커튼으로 가릴 수 있는 문을 만들었다. 특히 방 입구에서 보이는 책상은 측면이 깔끔하게 가려진 제품으로 골랐고 책상과 같은 폭의 선반 수납장을 파티션처럼 배치해서 드레스룸 영역을 분리했다. 창문을 가리지 않는 선에서 최대한 많은 수납을 확보하기 위해 선반 수납장과 서랍장을 ㄱ자로 배치해서 크기가 작은 아이 손수건이나 옷을 수납했다. 가구가 겹치는 40㎝ 정도는 문을 열지 않고도 충분히 사용할 수 있어서 계절 지난 옷을 넣어 두면 된다.

스타일러와 커튼 사이에 여백을 남겨서 불편하지 않게 옷을 꺼낼 수 있고 청소기를 눈에 띄지 않게 두는 자리가 됐다. 상부 거울장까지 수납이 되는 화장대는 방문 입구 벽에 있는 보일러 컨트롤 패널을 가리지 않도록 가로 600㎜로 두고 남는 자리에 이너웨어, 양말, 뷰티용품 수납을 위한 서랍장을 추가했는데 화장대와 같은 깊이로 맞춰 배치 라인을 깔끔하게 만들었다.

세탁실로 통행하기 위해 가구를 둘 수 없는 벽면은 산과 구름 모양의 러그와 월행잉 레더 스트랩을 두고 시즌별로 소품을 바꿔가며 촬영이 가능한 포토월로 만들었다.

다른 집 구경하기

"둘만의 취미를 공유하는 집"

#실평수 13평 빌라 #투룸 #2인 신혼 #구매 비용 250만 원

1 Conditions

- 방마다 컬러가 통일되지 않은 바닥과 몰딩
- 부족한 주방 조리 공간

2 Client's Needs

- 기존에 있던 침대와 옷장 활용
- 아내를 위한 홈 베이킹 공간
- PC와 TV로 함께 게임을 즐기는 취미 생활

3 Home styling

Entrance & Kitchen

　　현관에서 주방으로 곧장 노출되는 자리에 가벽을 설치해서 현관 영역을 분리하고 시야가 깔끔해 지도록 했다. 타공 가벽에 마스크나 차 키, 달력을 걸어 두고 분리수거함은 가벽 뒤에 둬서 노출되 지 않는다. 주방에 부족한 수납과 조리대 영역을 확보하고자 아일랜드 식탁을 배치했고 요리를 하 면서도 다른 방과 원활하게 소통할 수 있다.

　주방과 연결된 공간은 다이닝룸이자 창문이 있는 벽면을 따라 아내의 베이킹 공간을 만들었다. 서서 사용하기 편한 높이의 주방 수납장 2개를 나란히 배치해서 베이킹 작업 테이블로 활용했고 재료와 도구를 수납하기에도 충분하다. 가구를 배치하고 남은 여백에는 바퀴가 달린 틈새 수납으로 알차게 활용했다. 커피 머신도 함께 두고 시폰 커튼과 옐로우 플라워 패턴의 커튼을 믹스해서 화사하고 따뜻한 감성의 홈 카페가 됐다. 식탁 테이블은 통행에 방해가 되지 않도록 원형으로 코너에 배치하고 여백에 장 스탠드를 뒀다. 식탁 다리는 기둥 하나라 의자 위치에 제약이 없고, 중앙으로 이동시키면 여럿이 둘러앉을 수 있다. 시폰 소재의 가리개 천으로 식탁 옆으로 보이는 신발장과 오픈된 현관을 일부 가려서 더 아늑해졌고 음식 사진을 찍을 때 깔끔한 흰 배경으로 활용된다.

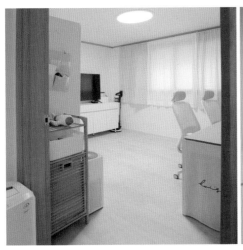

화장실 문 바로 옆에 있는 큰방 입구에 드라이기나 헤어용품을 수납할 수 있는 빨래 바구니를 뒀다. 나란히 앉아 같이 게임을 즐기는 부부를 위해 긴 책상 하나를 둬서 화면을 공유할 때 움직임이 편하다. 그대로 뒤돌아 앉으면 TV에 연결하는 게임기도 같이 즐길 수 있고, TV를 볼 때는 의자의 등받이를 젖히고 안락의자로 활용하면 된다. 화장실과 가까운 쪽에 서랍과 화장품 보관함을 추가해서 화장대를 겸한다. 책상 하부 선반에 컴퓨터 본체와 공유기를 올려두었더니 바닥이 깔끔해졌고, 책상 하부에 있는 것들이 입구에서 보이지 않도록 책상 측면은 패브릭 포스터로 가렸다.

사용하던 옷장은 공간이 덜 답답해 보이도록 사각지대(방문이 있는 벽면)에 배치했고 코너 벽에 여백을 남겨서 계절 지난 옷이나 이불을 보관할 랙 선반을 추가했다. 방 창문과 같은 민트 컬러의 가리개 커튼을 압축봉으로 설치해서 깔끔하게 가려뒀고, 그 앞에 폴 행거를 설치해서 벗어둔 잠옷이나 입었던 옷을 편하게 걸 수 있게 했다.

통행 폭을 확보하는 방향으로 사용하던 Q 사이즈 침대를 배치했다. 침대로 방이 거의 가득 차서 환하고 넓어 보이도록 화이트 컬러 100% 암막 커튼을 쳤다. 하부 여백이 좁아서 깊이가 슬림한 수납장을 두고 여분의 생필품을 보관할 수 있게 했다. 침대와 동일한 오크 컬러로 통일했으며 도어의 아치 형태와 수납장 위에 올려 둔 풍경 사진 액자와 화병이 힐링뷰 포인트가 된다.

다른 집 구경하기

"깔끔한 갤러리 같은 집"

#실평수 26평 오피스텔 #쓰리룸 #2인 신혼 #구매 비용 430만 원

1 Conditions

- 세탁실이 평면 중앙에 있고 좁은 복도가 형성된 구조
- 거실과 주방이 ㄱ자 공간으로 형성되면서 전체적으로 코너 공간이 많은 평면

2 Client's Needs

- 거실에서 TV를 보다 잠들 수 있는 소파
- 넉넉한 크기의 다이닝 테이블
- 침실에 있는 보기 싫은 완강기 및 에어컨 배관
- 전체적으로 심플하고 깔끔한 느낌

3 Home styling

Entrance & Work room

현관 신발장 옆 틈새 공간에 분리수거함을 뒀고 그 옆으로 보이는 서재 입구에는 높은 가구보다 낮은 가구가 더 안정적이라 책상을 배치했다. 이전 집에서 사용했던 화이트 암막 커튼을 활용했고, 책상 뒤쪽으로 오픈 선반과 도어 수납이 함께 구성된 책장을 두어 생활용품까지 깔끔하게 수납한다. 책장을 입구 대각선 벽을 따라 배치하고 입구에서 보이지 않는 사각지대에는 골프가방과 홈 트레이닝 용품을 뒀다.

Dress room 1

　침실에 있는 붙박이장으론 부족해서 먼저 일어나 준비해야 하는 남편의 옷을 작은방으로 분리했다. 화장실, 현관과 가까운 위치에 있고 한쪽에 작은 붙박이장이 있는 방이라 옷방으로 활용하기 좋았다. 스타일러와 비슷한 높이의 옷장을 가구의 앞 라인까지 일자가 되도록 배치했고, 옷장 옆 여백은 청소기나 다리미를 두는 자리가 되었다.

Living room & Dining room & Kitchen

　주방 가전을 둘 자리가 부족해서 싱크대 옆에 있는 세탁실 벽에 주방 수납장을 뒀다. 분리수거함을 깔끔하게 싱크대 하부장에 넣어둔 만큼 부족한 수납을 충족하기 위해 상하부장 세트로 구성했고 주방 가전이나 음료, 간편 식품 등을 두고 홈바처럼 활용한다.

거실에서 TV를 보다 잠들 수 있는 소파를 원해서 등받이를 움직여서 누울 수 있는 스윙 소파를 뒀다. 그 뒤에 식탁을 둬서 식사하며 TV를 볼 수 있게 했다. 식탁은 소파보다 튀어나오지 않게 둘 수 있는 최대 크기(가로 1600mm)의 라운드형으로 통행이 편하게 했다. TV를 받칠 거실장의 높이는 소파에 앉아서 보기 좋은 높이와 식탁에 앉아서 보기 좋은 높이의 중간으로 맞췄다. 사용하던 원형 테이블은 거실 코너에 두어 화분을 올렸고, 공간이 넓어 보이면서도 프라이버시를 보호할 수 있도록 두꺼운 시폰과 얇은 시폰 커튼을 함께 활용했다.

Bedroom & Dress room 2

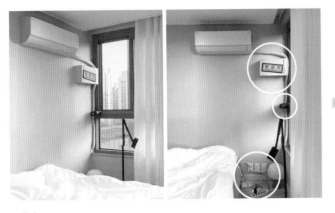 

▲ Before   ▲ After

완강기와 에어컨 배관이 침실의 분위기를 해치고 있어서 미관상 깔끔하지만 사용에는 지장이 없도록 폭 좁은 화이트 가벽과 가리개 천으로 가렸다. 큰방은 침실이자 붙박이 옷장과 붙박이 화장대, 화장실이 있어서 출근 시간이 늦은 아내의 드레스룸이 됐다. 침대 양쪽으로 각자 사용하기 편한 협탁과 조명이 있는 사이드 보드를 구성해 호텔처럼 배치했고, 취향에 맞는 심플한 디자인으로 골랐다.

다른 집 구경하기

"창작을 위한 우드 감성의 집"

#실평수 28평 아파트 #쓰리룸 #2인 신혼, 딩크 #구매 비용 1000만 원

1 Conditions

- 신축 매매 첫 입주
- 소파 구매 및 붙박이장 설치 별도

2 Client's Needs

• 유광보다는 무광 가구와 우드 소재 선호
• 부부가 함께하는 서재
• 유리 공예 작업실 및 작품 진열, 포토존 필요
• 티타임을 즐길 수 있는 발코니
• 침실, 거실 빔 프로젝터 사용

3 Home styling

Work room 1

　현관 정면에 있는 부부의 서재는 책상을 같은 방향으로 두되 각자 집중할 수 있도록 간격을 띄워서 배치했다. 그 사이에 지류를 보관할 협탁을 두고 프린터를 올려서 양쪽에서 사용하기 편하다. 각자 책상 옆에 책장을 ㄱ자 배치해서 수납과 활용성을 높였다. 듀얼 모니터를 사용하는 남편 책상을 더 넓게 두고, 수납할 게 많은 아내의 책장을 더 길게 확보했다. 블라인드를 설치한 창문 밑에 둔 책장은 책상과 동일한 높이로 창문을 가리지 않게 했고 그 위에 직접 만든 유리 공예 작품을 진열할 수 있다. 코너 영역에 조화 나무를 두고 슬림한 벽 장식장과 벽걸이 행거 등 유리 공예 작업물을 위한 포토존을 만들었다.

Living room

부피가 큰 모듈 소파는 주방 식탁과 나란히 있으면 답답할 것 같아서 좌측 벽에 배치했고 소파에서 편하게 사용할 사이드 테이블을 추가했다. 벽걸이 TV를 설치한 아트월에 있는 에어컨 홀, 콘센트는 우드 매거진 랙으로 가려뒀다. TV가 있는 벽 천장에 빔 스크린이 설치되어 있어서 소파 위에 원형 벽 선반을 설치하고 사용할 때만 빔 프로젝터를 올릴 수 있게 했다.

Kitchen

　내구성이 높은 세라믹 상판에 원목 다리로 구성된 원형 테이블을 두고, 다양한 원목 의자를 믹스 매치했다. 김치냉장고를 넣고 남은 여백에 냉장고와 같은 무광 주방 수납장을 골라서 앞 라인을 맞춰 넣었다. 펜던트 조명도 무광으로 교체하면서 원형 테이블의 중앙을 비추게끔 조명 전선 홀더로 위치를 옮겼다. 식탁 뒤 벽면에는 우드 행거를 설치해서 달력을 걸고, 방 사이에 있는 벽에도 우드 햄퍼와 우드 모빌로 포인트를 줬다.

Balcony

　가장 큰방을 침실로 삼고, 침실에 연결된 작은 발코니는 부부의 아지트가 됐다. 기분 전환과 영감을 위한 힐링 공간으로 만들기 위해 바닥에 롤카펫을 깔고 원형 테이블과 원목 의자, 원목 화분 선반을 두고 커튼과 조화 넝쿨, 앵두 전구로 꾸몄다.

　유리 공예 작업실을 분리하기 위해 침실에 붙박이장을 설치해서 옷방을 겸했다. 붙박이장은 무광에 핸들리스로 벽처럼 깔끔해 보이고 빔 프로젝터의 스크린으로 활용한다. 우드와 라탄 조합의 침대 헤드보드 규격이 커서 방문을 열 때 부딪히지 않도록 바닥에 투명한 도어 스토퍼를 부착했다. 원하는 LK 사이즈의 침대를 두고 나니 주변으로 여유 공간이 좁아서 벽걸이형 조명으로 바닥을 차지하는 요소를 줄였다. 침실 화장실 방향에 있는 붙박이 화장대에는 화장품이나 헤어용품을 편하게 사용할 수 있도록 꺼내두는 대신 침대에서 보이지 않도록 가리개 커튼으로 가렸다. 트임이 있어서 통행이 편하고 길이를 짧게 해서 답답한 느낌이 들지 않는 동시에 포인트가 됐다.

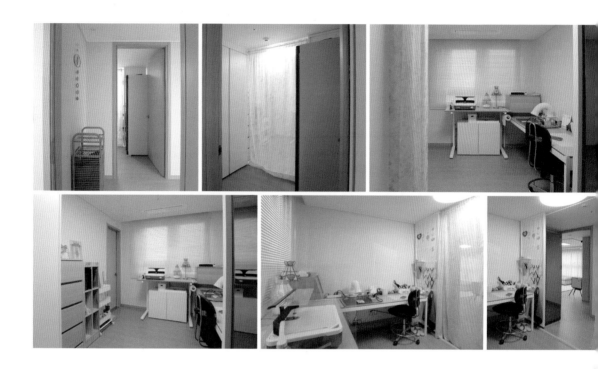

    스타일러는 침실의 휴식을 방해하지 않으면서도 짧은 동선으로 사용할 수 있도록 침실과 마주
보는 작은방 입구에 두고 옆으로 가벽을 설치했다. 맞은편에는 이불 여분이나 계절 옷 등으로 부
족한 수납을 위해 추가한 작은 붙박이장을 두었으며 가벽과 붙박이장이 끝나는 지점에 압축봉과
가리개 커튼을 달아 유리 공예 작업실을 분리했다. 커튼을 치면 유리 가루가 밖으로 튀지 않으며
바닥에는 우드 컬러 전선 몰드를 부착해서 로봇청소기가 넘어오지 못하도록 방지 턱을 만들었다.
작업 테이블은 가로로 긴 책상을 두고 필요한 작업에 따라 영역을 나눠서 사용할 수 있으며, 바퀴
가 달린 의자 하나로 좌우로 이동하며 사용하기 편하다. 도안을 그리고 자르는 자리 바로 옆이 타
공 가벽이라서 필요한 작업 도구들을 걸어 두고 편하게 사용할 수 있고 작업실 분위기를 연출하는
데 한몫한다. 서서 하는 작업을 위해 높이 조절이 가능한 책상을 추가했고 그 하부에도 작업 중인
재료나 도구를 수납한다. 두 개의 책상을 ㄱ자로 배치하면서 생긴 코너 영역에는 닫아둘 수 있는
공간 박스를 두고 옆에 있는 납땜 영역에서 쓰는 도구를 넣어 둘 수 있다. 반대쪽에는 LP 수납장
을 활용해서 유리판을 정리했고, 작은 재료들을 보관하기 좋은 서랍장을 추가했다.

Mood

part
03
분위기를 만드는
셀프 홈 스타일링

01 홈 데코하기

홈 데코는 가구 배치만으로는 부족하게 느껴지는 감성을 충족하고, 완성도를 높이기 위해 패브릭, 장식품, 조명 등으로 공간에 옷을 입히는 과정이라고 볼 수 있다. 취미와 취향을 반영해서 자신을 표현할 수 있고, 누구나 크게 힘들이지 않고도 간편하게 원하는 분위기를 만들 수 있는 현실적인 방법이다. 하지만 SNS 감성으로 예쁜 집을 꾸미는 것에만 초점을 맞춘다면, 어느 것 하나 돋보이지 않는 산만함을 초래하여 그 행복이 오래갈 수 없다. 게다가 관리하는 데 시간이 많이 걸린다면 머지않아 먼지가 쌓인 채 방치될 것이다. 집은 잠깐의 행복을 주는 쇼룸이 아니라 매일 생활하는 곳임을 기억해야 한다.

① 큰 것에서 작은 것 순서로 배치하기

면적을 많이 차지할수록 분위기에 미치는 영향이 크다. 주로 침구, 커튼, 러그와 같이 넓은 면적을 차지하는 패브릭을 먼저 결정해서 기본적인 분위기를 정한 뒤 쿠션이나 액자, 소품으로 포인트를 맞춘다. 소품들을 배치할 때도 그중 가장 큰 것의 위치를 잡고 주변에 작은 소품을 배치해 나가는 것이 전체적인 밸런스를 맞추기 쉽다.

② 컨셉에 맞는 톤 앤 매너 맞추기

홈 데코를 조화롭게 하기 위해서는 톤 앤 매너를 일관되게 맞추는 것이 좋다. 컬러가 비슷한 톤이면 공간이 편안하고 넓어 보이는 효과가 있다. 밝은 컬러는 공간이 넓어 보이고 어두운 컬러는 공간에 깊이와 안정감을 준다. 실패 없는 조합으로 많이 선택하는 우드&화이트는 밝고 따뜻한 느낌을 주고, 우드&블랙은 시크하고 감각적인 느낌을 준다. 화이트를 기본으로 하여 깔끔하고 간결한 분위기를 만든 후 선명한 컬러의 소가구나 소품을 매치하면 특별함을 더할 수 있다.

컬러가 달라도 채도나 명도가 비슷하면 조화로운 연출이 가능하다. 여기에 광택, 소재, 가구 손잡이나 프레임과 같은 디테일한 특징을 통일해도 전체가 조화로워 보인다. 예를 들어 광택 없이 매트한 질감을 반복하면 차분하고 세련된 느낌이 들고, 우드와 라탄 같은 자연 질감을 반복하면 내추럴한 분위기가 연출되며, 곳곳에 스틸 질감이 반복되면 감각적이고 정갈해 보인다.

③ 반전 매력 더하기

분위기가 비슷한 소품끼리 두면 실패하지 않는다. 허나 여기에 도드라지는 질감이나 눈길을 사로잡는 소품을 배치하면 공간에 재미를 더할 수 있다. 과감한 시도가 어렵다면 베이스 컬러는 톤 앤 매너에 맞추면서 독특한 아트 프린트나 볼륨감이 강조된 소품을 더하면 된다. 직선에는 곡선을, 평면적 요소에는 입체적 요소를 더하거나 컬러가 대비되는 정도면 충분하다. 너무 많은 요소를 믹스하면 산만해 보이므로 최소한만 믹스해도 돋보일 것이다.

④ 제한된 지정석 만들기

소장한 소품을 진열하거나 포토존을 꾸미고 싶다면 특정 가구나 벽의 일부만 제한해서 집중적으로 꾸민다. 그 외는 깔끔하게 비워야 배치된 소품들이 더 돋보이고, 집 전체가 넓어 보인다. 함께 사는 사람과 취향이 다를 때에는 각자 자주 활용하는 공간을 지정하여 꾸밈으로써 서로의 취향을 존중할 수 있다.

⑤ 시선의 균형 만들기

현관에서 정면으로 보이는 자리나 방 입구에서 가장 먼저 눈에 띄는 자리는 공간의 첫인상을 좌우하므로 포인트로 꾸미면 좋다. 이때 입구에서 대각선 방향에 포인트를 주면 벽의 경계를 허물고 시선이 가장 깊숙한 곳을 향하게 되므로 공간이 더 넓게 느껴진다. 장식적인 요소는 가구 배치로 인해 생긴 불균형을 안정감 있게 보완해 주는 역할까지 한다. 높낮이로 공간에 리듬감을 형성하고 바닥부터 위쪽까지 시선의 이동 폭이 넓어지는 만큼 공간이 풍성해 보인다.

⑥ 그리너리 활용하기

녹색 나뭇잎을 뜻하는 '그리너리'는 식물을 활용한 플랜테리어 외에도 식물의 싱그러움과 편안함을 느낄 수 있는 식물 패턴이나 그린 컬러를 활용하는 것을 포함한다. 식물을 키울 자신이 없는 사람은 조화로 대체한다. 조화도 크기와 종류가 다양하고 퀄리티 높은 제품이 많아졌다. 좁은 공간에는 자리를 차지하는 화분을 두는 대신 식물 사진이나 그림으로 장식하거나, 집에 필요한 패브릭(커튼, 침구, 발 매트 등)과 소품을 구매할 때 식물 패턴이나 그린 컬러를 선택해도 충분하다.

패브릭 활용하기

  패브릭은 분위기를 바꾸는 효과가 커서 계절에 따라, 또는 기분 전환용으로 교체하기에 좋다. 넓은 면적을 차지하는 커튼, 침구, 러그는 집 전체의 베이스 컬러와 비슷한 톤으로 선택하여 넓은 공간감을 만든 후 대비되는 컬러를 사용하여 공간을 분리한다. 그 외에도 비교적 좁은 면적을 차지하는 에어컨 커버나 방석, 쿠션, 담요, 테이블러너, 테이블보, 발 매트, 행주, 냄비 장갑 등 다양한 패브릭 생활용품이 있다. 하나하나 특별하지 않아도 생필품이 장식을 대신한다면 굳이 다른 장식품을 추가 구매하지 않아도 되어 경제적이다.

▲ 화분과 매치

▲ 사진 액자 컬러와 매치

▲ 라인드로잉 러그와 매치

▲ 소파 및 커튼 컬러와 매치

▲ 그림 액자 컬러와 매치

▲ 베이스 컬러 및 티슈 케이스와 믹스 매치

감각적인 포인트를 만들고 싶다면 집에 사용한 각각의 패브릭이나 소품에 같은 컬러를 반복해서 통일감을 만들면 된다. 과감한 컬러나 패턴은 큰 면적보다 작은 면적에 활용하는 것이 실패 확률을 줄이고, 좁은 집도 답답해 보이지 않는다.

▲ 에어컨 커버　　　　　▲ 테이블러너　　　　　▲ 냄비 장갑

▲ 핸드타월　　　　　▲ 티슈 케이스

▲ 테이블보　　　　　▲ 테이블보 & 방석　　　　　▲ 방석

① 커튼

커튼은 채광과 온도를 조절하고 사생활을 보호하면서 공간의 전체적인 분위기를 이끈다. 또 벽면에 있는 생활 오염이나 파손된 부분에 도배를 하는 대신 커튼으로 가릴 수도 있다. 좁은 공간일수록 넓고 환한 느낌을 주는 밝은색 커튼을 선택하고, 포근하고 안정적인 느낌을 원한다면 어두운 컬러를 선택한다.

두께가 얇아 비침이 있는 커튼은 개방감을 주고, 비침이 적은 커튼은 사생활을 보호하고 아늑한 느낌을 준다. 채광이 필요하다면 #나비주름시폰커튼 #리넨커튼을 활용한다. 어두운 컬러나 패턴이 있는 커튼을 설치하더라도 속 커튼으로 시폰/리넨 커튼을 달아두면 평소에는 얇은 커튼만 쳐서 햇살이 들도록 유지할 수 있다. 커튼봉이나 레일을 이중으로 설치하면 일반 커튼과 속 커튼을 따로 활용할 수 있다. 커튼봉이나 레일이 하나라면 #투톤커튼을 활용하거나 서로 다른 커튼을 나눠서 설치하면 된다. 이때 가운데는 밝은 컬러를, 양 끝은 색감이 있는 컬러를 활용하면 공간에 깊이감이 생기고 안정감을 느낄 수 있다.

▲ 비침이 적은 나비주름 시폰 커튼　　　　▲ 비침이 있는 나비주름 시폰 커튼 & 패턴 커튼

▲ 얇은 리넨 커튼 2종류 믹스　▲ 두꺼운 투톤 리넨 커튼　　▲ 비침이 적은 시폰 커튼 & 컬러 암막 커튼

#암막커튼을 설치할 때도 속 커튼을 이중 설치해서 평소에는 암막 커튼을 걷고 채광이 가능한 속 커튼이 공간을 밝히도록 한다. 일반적으로 밝은색보다 어두운색이 암막 기능이 더 좋다. 요즘에는 컬러에 상관없이 빛을 완벽하게 차단하는 #100%암막커튼과 #완전암막커튼도 있어서, 밝은 색상으로 공간이 넓어 보이게 하면서도 암막 기능을 누릴 수 있다.

▲ Before

▲ After

침실 창 바로 앞에 다른 건물이 있고 암막 커튼만 설치되어 환기를 하거나 채광을 위해 커튼을 걷기 불편한 상황이었다. 그래서 프라이버시는 지키되 채광이 가능하도록 암막 커튼 사이에 속 커튼을 추가했다. 덕분에 한결 환하고 포근한 느낌이 든다. 또한 침대 옆 공간을 차지하던 화장품은 책상으로 옮기고 침실용품만 남겨 깔끔하게 정리했다.

▲ Before

▲ After

침실 창에 설치된 암막 커튼 사이에 속 커튼을 추가했다. 암막 커튼을 걷었을 때 속 커튼이 발코니에 있는 빨랫감이나 짐을 가리면서 공간을 환하고 깔끔하게 만든다. 이중으로 각각 설치하면 가장 좋지만 커튼봉 하나에 같이 설치해도 암막 커튼을 치면 속 커튼의 면적이 줄어들어 사용에 불편은 없다. 거실장 위에 있는 장식품도 방 입구 대신 안쪽 코너로 옮겨 방에 들어올 때 시야를 방해하는 것이 줄어서 이전보다 공간이 넓게 느껴진다.

거실이나 침실에 커튼을 설치할 때는 창문보다 넓게 설치하면 좋다. 창문이 있는 벽면 전체를 커튼으로 채우면 천장이 더 높아 보여 안정감을 주고, 실제보다 더 큰 창문이 있는 것 같아 개방감을 준다. 하지만 이는 낮은 가구가 놓이는 장소에 해당하는 이야기다. 옷장이나 키 큰 수납장 같은 높은 가구로 채워져 있는 공간은 여백이 협소하여 공간의 벽 한쪽을 커튼으로 채우면 답답해 보인다. 이럴 때는 창문 크기에 맞추어 커튼을 설치하고 속 커튼을 함께 활용하면 채광 면적이 넓어져서 공간이 밝아 보인다.

▲ Before　　　　　　　　　　　　▲ After

강력 압축봉에 시폰 커튼과 꽃무늬 패턴의 커튼을 함께 설치하여 작은 창의 문틀과 방범 창살을 가려주면서 밝고 은은한 포인트가 되도록 했다.

▲ Before　　　　　　　　　　　　▲ After

거실을 게스트룸으로도 활용하기 위해 소파 베드와 암막 커튼의 톤을 맞춰 배치했다. 주택 2층이라 사생활 보호를 위해 비침이 적은 시폰 커튼을 속 커튼으로 설치해서 삭막한 느낌의 방범 창살을 가리고, 공간을 밝게 유지하도록 했다.

블라인드도 패브릭에 해당하는 #롤스크린 #콤비블라인드가 있고, #우드블라인드 #알루미늄블라인드 등 소재나 작동 방식에 따라 종류가 다양하다. 보편적으로 커튼은 포근하고 아늑한 느낌이라 침실이나 거실과 같은 휴식 공간에 많이 쓰이고, 블라인드는 쾌적하고 정갈한 느낌이라 작업실이나 옷방에 활용되는 편이다. 특히 공간에 비해 가구나 소품이 가득하거나, 이미 패브릭이 차지하는 면적이 많은 곳은 커튼보다 블라인드가 더 깔끔하고 넓어 보인다. 또, 창밖에 사람이 지나다니는 복도거나 앞 건물과 거리가 가까울 경우 내부를 노출하지 않으면서 환기와 채광이 가능한 블라인드가 유용하다. 블라인드 앞에 커튼을 추가 설치하면 각각의 장점을 활용할 수 있고, 특별한 무드를 만들 수 있다.

▲ 바닥 전체에 카펫이 깔린 방

▲ 환기가 필요한 작업실

▲ 행거 커튼 옆

▲ 복도 쪽 작은 창

▲ 블라인드 + 커튼

▲ Before

▲ After

작업실에 쾌적한 느낌을 주는 블라인드와 커튼을 함께 매치해서 활용도를 높였다. 짙은 커튼이 어두운색 모니터와 의자의 무게감을 양쪽으로 분산시켜 안정감 있게 잡아 주는 포인트가 된다.

커튼 설치

▶ 창문 실측

창문을 실측할 때는 창문의 크기만 재지 않고, 창문 바깥쪽 여백과 바닥부터 천장까지의 높이를 모두 측정한다. 커튼은 실제 창문 크기보다 조금 여유 있게 설치하거나 벽 전체에 설치할 수도 있고, 가구 배치에 따라 창문 양쪽 여백 중 한쪽은 비우고 다른 한쪽으로 치우치게 설치해야 할 수도 있기 때문이다. 천장에 커튼 박스가 있다면 커튼 박스 안쪽부터 높이를 측정해야 한다(커튼 박스가 가로 벽 전체에 있거나 일부만 있는 경우도 있으니 실제 커튼 설치가 가능한 영역을 체크한다).

▲ 커튼 박스 안쪽 실측

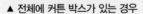

▲ 전체에 커튼 박스가 있는 경우

▲ 일부만 커튼 박스가 있는 경우

▶ 커튼 선택

- **핀형 커튼(평주름 커튼/나비주름 커튼)** : 일정한 간격으로 핀을 꽂아 사용하는 커튼이다. 평주름 커튼은 평평하게 펼쳐지므로, 자연스러운 주름을 형성하려면 실측한 폭보다 1.5~2배 넓게 주문해야 한다 (#형상기억가공이 된 제품을 구매하면 주름이 정갈하게 잡혀 있다). 나비주름 커튼은 상단에 일정한 간격으로 주름이 잡혀 있어서 풍성한 느낌을 준다. 다만 원단이 많이 들어가는 만큼 가격대는 높은

편이다. 핀형 커튼을 설치할 때는 천장에서 레일의 롤러 구멍까지 높이가 있으므로, 길이를 3㎝ 정도 짧게 주문한다.

- **아일렛형 커튼** : 커튼봉에 끼워 넣을 수 있는 아일렛 구멍이 있는 커튼이다. 커튼봉에 끼우면 자연스럽게 물결 형태의 주름이 생긴다. 주름 형성을 위해 실측한 폭보다 2배 이상 넓게 주문해야 한다. 실측한 천장 높이보다 1㎝ 정도 짧게 주문한다.
- **봉집형 커튼** : 커튼봉이나 압축봉에 끼워 넣을 수 있도록 상단에 봉집이 있는 커튼이다. 필요한 폭보다 넉넉하게 주문하면 촘촘한 주름이 연출된다. 천장과 커튼봉의 간격만큼 짧게 주문한다.

▶ **커튼 부착**

- **레일** : 핀형 커튼을 부착할 때는 레일이 필요하다. 속 커튼과 겉 커튼을 같이 단다면 커튼레일을 두 줄로 나란히 설치하거나 #이중레일을 사용할 수 있다. 이중레일은 한 번에 설치하기 편하지만, 고정된 레일의 간격에 비해 커튼의 주름이 크면 겉 커튼을 움직일 때 속 커튼이 따라 움직일 수 있다. 봉집형 커튼이나 일반 패브릭도 커튼핀 또는 레일에 끼울 수 있는 고리형 커튼 집게를 달면 커튼레일에 부착할 수 있다.
- **커튼봉** : 아일렛 구멍과 봉집의 크기를 고려해서 커튼봉의 두께를 선택한다. 지름 25㎜, 35㎜를 많이 사용하는데 설치될 벽이 길고 커튼이 무겁다면 지름 35㎜를 권장한다. 작은 창에 가벼운 봉집형 커튼을 설치할 때는 봉 지름 15㎜도 충분하다. 커튼봉에 커튼링을 끼우면 핀형 커튼도 설치할 수 있는데, 이때는 커튼의 길이를 조금 짧게 주문한다. 지름 25㎜ 커튼봉에 핀커튼을 설치할 때는 −8㎝, 지름 35㎜ 커튼봉에 달 경우는 −9~10㎝ 정도 짧게 주문한다(사용하던 커튼 길이가 이사한 집에서 맞지 않아도 높이 조절이 가능한 커튼봉 브라켓을 사용하면 어느 정도 커버할 수 있다).

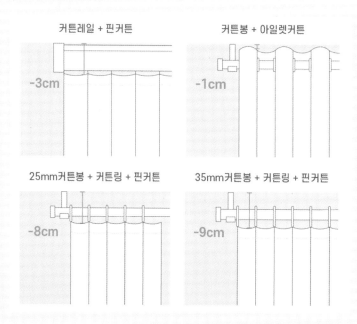

커튼레일 + 핀커튼 −3cm

커튼봉 + 아일렛커튼 −1cm

25mm커튼봉 + 커튼링 + 핀커튼 −8cm

35mm커튼봉 + 커튼링 + 핀커튼 −9cm

• **무타공 설치**

커튼 박스에 커튼이나 블라인드를 설치한 타공 자국은 원상 복구의 의무는 없다고 한다. 하지만 신경 쓰이거나 커튼 박스가 없는 경우는 집주인에게 미리 동의를 구하는 것이 좋다. 타공이 불가능하다는 답변을 들었거나 가능하더라도 전동 드릴이 없고 혼자 설치할 자신이 없을 땐 무타공으로 설치할 수 있는 방법이 있다.

① **안뚫어고리** : 창틀에 끼워서 사용하는 브라켓이다. 창문틀의 가로 폭에 따라 설치할 수 있는 면적에 제한이 있지만 일반 커튼레일, 이중레일, 커튼봉, 블라인드 등 각 타입에 맞춰 사용할 수 있다.

② **압축봉** : 막혀 있는 양쪽 벽 사이에 설치할 수 있는 제품이다. 좁은 가로 폭에 설치할 수 있는 지름 13㎜, 15㎜, 22㎜ 봉 외에 4m 이상 벽에도 설치할 수 있는 #강력압축봉도 있다. 단, 3m 이상은 중간 처짐 현상이 생길 수 있어서 가벼운 커튼을 걸거나 중간에 브라켓을 설치하는 것이 좋다.

③ **부착 커튼봉 브라켓** : 안뚫어고리를 사용할 틈이 없는 작은 창문이나 압축봉 설치가 어려운 곳도 있다. 이때 부착형 커튼봉 브라켓을 붙인 뒤 압축봉을 끼우면 된다. 찢어질 위험이 있는 벽지보다는 창문틀이나 몰딩, 가구에 부착해서 가벼운 커튼을 설치할 때 활용한다. 원상 복구할 땐 부착한 브라켓을 제거한 후 접착제 제거 스프레이로 깔끔하게 닦으면 된다.

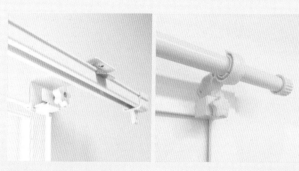

안뚫어고리 커튼레일, 커튼봉

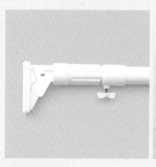

강력압축봉

부착 커튼봉 브라켓과 압축봉

② 가리개 천

　창문에 설치하는 커튼 외에도 가리개 커튼, 가리개 천을 활용할 수 있다. 오픈된 영역에 압축봉을 활용해 가리개 천을 달면 여닫을 수 있는 문이 되어 사생활을 보호하고 안정감을 준다. 방문을 제거하고 가리개 천을 달면 가구를 더 놓을 수 있어 공간 활용도가 높아진다. #가리개커튼 #가리개천 #가림막이라는 키워드 앞에 현관, 중문, 문 등의 필요한 키워드를 붙이면 적절한 상품을 찾을 수 있다. #트임가리개천은 중간에 트임이 있어서 여닫지 않고도 통행할 수 있다.

　가리개 천은 길이에 따라서 적절히 활용할 수 있는데, 천장부터 바닥까지 오는 길이에 두께감이 있을수록 방한·방풍 효과가 있어서 에너지 효율을 높일 수 있다. 자주 통행하는 자리는 비침이 있는 소재를 쓰거나 길이를 짧게 하면 공간의 답답함을 줄일 수 있다.

　옷장이나 붙박이장 옆으로 여백을 만들어 그 사이에 압축봉&가리개 커튼을 설치하면 부피 큰 짐이나 잡동사니를 깔끔하게 수납할 수 있는 실내 창고가 된다. 전자레인지, 밥솥과 같은 소형 가전을 수납한 오픈된 주방 수납장에도 가리개 천을 달면 편리하면서도 깔끔한 느낌을 준다. 저렴한 오픈 책장이나 조립식 선반을 사용할 때도 산만하게 노출되는 물건들을 가릴 수 있으며 보기 싫은 부분이 있는 벽이나 실외기실 문, 미닫이문에 달면 포인트가 된다.

　압축봉을 설치할 수 없는 곳에는 #부착커튼봉브라켓을 달고 압축봉을 설치하면 된다. 가벼운 천은 침핀이나 압정으로 직접 고정해도 된다. 벽지에는 #침핀 #압정 #꼭꼬핀 #착한못(아이디어못)으로 설치 가능하다. 봉집이 없는 가리개 천을 몰딩이나 문틀, 가구에 활용할 땐 벨크로(찍찍이) 제품으로 구매하거나, 양면 실리콘 테이프를 사용해 부착할 수 있다(단, 재질에 따라 양면 실리콘 테이프로 고정되지 않을 수 있다). #주문제작이나 #맞춤을 함께 검색하면 원하는 크기의 가리개 천을 손쉽게 구매할 수 있다.

1–2. 생활하는 영역에서 현관이 바로 보이면 불안한 느낌이 든다. 가리개 천으로 중문을 만들거나 일부만 가려도 충분히 안정감을 느낄 수 있는 생활 공간이 만들어진다.

3. 워시타워 배치로 제거된 다용도실 문을 대신해서 두꺼운 가리개 커튼을 달아 방한·방풍 효과를 높였다.
4. 하부가 적당히 오픈되는 가리개 커튼은 침대에서 파우더룸이 보이지 않도록 가리면서 통행이 편하고 답답한 느낌이 적다.
5. 비침이 있는 얇은 가리개 커튼은 공간을 분리하면서도 개방감을 주어 포인트로 활용하기 좋다.

6. 붙박이장 옆 남은 공간으로 방에 있던 빨래 건조대, 선풍기 등 짐을 옮기고 가리개 천으로 깔끔하게 가려 창고처럼 만들었다.
7. 압축봉을 사용할 수 없는 오픈 책장에 부착형 커튼 브라켓으로 압축봉을 거치하여 슬라이딩 도어처럼 여닫을 수 있게 했다.

8. 가구 앞면에 끈적임이 남지 않는 양면 실리콘 테이프로 패브릭을 부착해 가릴 수 있는 문을 만들었다.
9. 사용하기 편하도록 오픈형을 택했지만 거실을 바라보는 자리라 상판 하부에 압정으로 패브릭을 고정했다. 평소에는 패브릭으로 가려뒀다 사용할 때 상판으로 올린다.

10. 거울 선반과 벽 전체를 가려서 새로운 분위기의 포인트 벽을 만들었다.
11. 작은 발코니의 보일러를 가리고 티테이블을 놓아 휴식 공간으로 활용했다.

12. 미닫이문을 제거한 자리에 압축봉으로 가리개 커튼을 여닫을 수 있도록 설치했다. 오픈하면 주방 일부를 가리면서 영역을 분리하는 포인트가 되고, 닫으면 공간을 완전히 분리할 수 있다.

▲ Before

▲ After

발코니(싱크대 옆 미닫이문)는 왼쪽 문으로 통행할 수 있도록 세탁기와 냉장고를 오른쪽으로 옮겼다. 오른쪽 미닫이문은 가리개 천으로 가려서 벽으로 만들고 그 앞에 아일랜드 식탁을 안정감 있게 두었다. 주방 가전과 식품을 수납하는 식탁 겸 서브 조리대 덕분에 편리한 11자 주방이 됐고, 거실과 주방을 자연스럽게 분리했다.

③ 침구

좁은 집에는 화려한 무늬보다는 단색이나 심플한 패턴의 침구를 추천하지만, 취향에 따라 화려한 침구로 원하는 무드를 연출해도 좋다.

침구는 무엇보다 계절에 따라 크게 달라진다. 몸에 달라붙지 않는 인견(시어서커)이나, 혼용 비율에 따라 촉감이 달라지는 리넨은 여름 침구로 많이 쓰인다. 사계절용으로 많이 사용되는 면 소재는 40수, 60수, 80수, 100수로 숫자가 높을수록 촉감이 부드럽고, 숫자가 낮을수록 내구성이 강하다. 실크처럼 부드러운 모달은 광택이 있는 편이고 세탁에 강해서 관리가 쉽다. 따뜻하고 부드러운 촉감으로 겨울 이불로 사용되는 극세사는 정전기나 먼지 발생 등 단점이 있었으나 현재는 많이 보완됐다. 또 비염이나 알러지가 있는 사람을 위한 알러지 케어, 항균 등의 기능성 이불도 있다. 양면으로 소재가 다른 이불도 있어서 온도 변화에 유연하게 활용할 수 있고, 양면 컬러가 다른 이불은 분위기를 바꿔가며 사용할 수 있다.

매트리스는 #홑매트리스커버에 #침대패드를 추가해서 사용하거나 #누빔매트리스커버 하나만 활용해도 된다. 침대 프레임이나 하부 짐을 가리면서 분위기를 연출할 수 있는 #스커트매트리스커버도 있다. 베개 커버는 부담 없는 비용으로 계절별로 변화를 시도하기 좋고 면적이 작아서 포인트로 과감한 컬러나 패턴을 시도해 볼 수 있다.

▲ Before

▲ After

침대 커버를 스커트 매트리스 커버로 교체하고 테이블보와 커튼에 레이스를 활용해서 전체적인 분위기를 통일했다. 튀는 연두색 벽지도 침구를 같은 계열 컬러로 교체해 은은한 분위기를 만들었다.

주로 사용하는 베개 외에도 추가 베개를 두거나 등받이 쿠션, 바디필로우 등으로 컬러나 디자인을 믹스 매치하면 포인트가 되고 침실 무드를 더 아늑하고 포근하게 만든다. 특히 헤드 보드가 없는 침대에서는 베개가 대신해서 안정감을 더한다.

④ 러그

러그는 층간소음을 줄여주고 바닥을 따뜻하게 유지하면서 포근한 공간을 연출한다. 대비되는 컬러나 패턴은 포인트가 되고, 가구를 배치하면서 생긴 바닥의 가구 라인을 깔끔하게 정리해 준다. 바닥과 비슷한 컬러여도 질감의 차이가 있어서 영역을 자연스럽게 분리하면서도 공간이 좁아 보이지 않는다. 러그를 따라 바닥에 길이 생기기도 하고 공간이 이어지거나 분리되기도 한다.

러그를 거실 소파 앞에 배치할 때는 소파보다 넉넉한 크기가 안정감이 있고, 소파보다 크기가 작은 것을 놓으면 포인트가 된다. 침실에는 침대보다 크기가 작은 것을 포인트로 두고 발 매트로 활용한다. 호텔식 배치로 양쪽 다 통행로가 있는 침대는 발아래 방향에 침대 폭보다 크기가 넉넉한 것을 배치하면 안정감이 생긴다. 식탁 밑에 러그를 깔면 의자를 사용할 때 소음과 바닥 찍힘을 줄일 수 있는데, 이때 식탁보다 여유 있는 크기로 식탁과 형태가 닮은 것을 놓으면 좋다.

계절에 따라 소재를 선택할 수도 있고 원하는 색감과 질감으로 쉽게 교체가 가능하다. 바닥보다 어두운색은 공간에 안정감을 주고, 밝은색은 공간을 넓게 만든다. 선택이 어렵다면 집의 베이스 컬러와 비슷한 단색 컬러에 직사각형이 가장 무난하고, 주변 가구와 비슷한 톤을 놓아도 좋다. 튀는 컬러라면 단색보다는 패턴이 있는 것이 이질감이 적다. 패턴이나 무늬가 있는 러그는 단조로운 공간을 풍성하게 만들고 특정 취향의 콘셉트를 완성해 준다.

모의 길이에 따라 나뉘는 #단모러그 #장모러그는 발에 닿는 촉감뿐 아니라 분위기도 부드러운 느낌을 준다. 실 짜임이 강해 내구성이 좋은 #평직러그와 #사이잘룩러그는 발에 닿는 촉감이 거친 편이지만 털 날림이 없어 인기 있다. 생활 방수가 가능한 #방수러그나 집에서도 세탁이 가능한 #워셔블러그 #이지케어러그가 유지 관리에 용이하다.

▲ 바닥과 비슷한 컬러의 러그 : 공간이 좁아 보이지 않게 영역을 구분

▲ 바닥과 대비되는 컬러의 러그 : 가구 라인을 정돈하고 영역을 구분 지어 동선 형성

▲ 패턴이 있는 러그 : 주변과 밸런스를 맞추는 포인트 역할

▲ 크기와 모양이 다양한 러그, 발 매트

주방이나 화장실 발 매트는 패브릭 소재 외에 물을 흡수하는 규조토 소재를 사용하기도 한다. 초기 규조토 발 매트는 딱딱하기도 하고 더러워졌을 때는 사포로 갈아서 사용했는데, 요즘은 말랑하고 세탁이 가능한 소프트 규조토가 인기 있다. 또, pvc 발 매트는 물이나 음식물을 흘렸을 때 닦아낼 수 있어서 주방 싱크대에 두는 경우가 많고 두께감이 있어서 충격 흡수와 하중 분산에도 좋다.

2 장식품 더하기

장식품은 공간에 활력을 더하고 취향을 표출할 수 있으며, 내 공간에 대한 애정을 형성하고, 눈과 마음이 편안해지는 휴식을 제공한다. 낮은 가구를 두고 벽면을 비워둔다고 해서 공간이 무조건 넓어 보이는 것은 아니다. 가구가 배치된 하부보다 여유 있는 위쪽 공간으로 시선을 끌어올리거나 시선이 머무를 수 있는 곳에 장식품을 놓아 꾸미면 답답한 느낌이 줄어든다. 또 가구들의 크기와 컬러가 다를 때도 장식품을 밸런스에 맞게 두면 전체가 조화를 이룰 수 있도록 해주기도 한다. 일부러 장식품을 사지 않아도 갖고 있는 물품을 어디에, 어떻게, 무엇과 함께 두는지에 따라 훌륭한 장식품이 될 수 있다.

① 벽을 채우는 장식품

소파가 배치된 벽면, 낮은 수납장 위 여백의 벽면, 식탁 옆 벽면처럼 가구가 배치되고 남은 여백에 장식품을 설치하면 시선을 끌어올려 여유를 느낄 수 있고, 공간과 가구의 밸런스를 맞춰 준다. 벽의 여백이나 주변 가구에 비해 장식물이 크면 답답하거나 불안해 보이고, 작으면 촌스러워 보일 수 있다. 감각적인 연출을 위해 균형감 있는 크기를 선택하는 것이 중요한데, 현재 집과 비슷한 다른 집 사진을 많이 접하면 아이디어를 얻을 수 있다. 장식품을 벽에 설치할 때는 타공한 뒤 고리를 걸어도 되지만, 타공 없이 설치할 수 있도록 도와주는 제품들도 있다.

▶ 인테리어 액자

#종이포스터 #아크릴포스터 #사진액자 #그림액자를 인테리어에 활용할 수 있다. 좁고 답답하게 느껴지는 공간에는 실사 포스터가 개방감과 상쾌함을 준다. 또 허전함이 느껴지는 공간에는 감각적인 일러스트나 아트를 활용해 주변 포인트 컬러가 반복되도록 하면 자연스럽게 조화를 이룬다.

메인이 되는 자리에는 종이 포스터만 부착하는 것보단 프레임에 넣어 거는 것이 공간의 퀄리티를 높인다. 액자 프레임은 바닥, 몰딩과 같이 주변에 보이는 베이스 컬러에 맞추거나, 액자와 함께 보이는 가구와 컬러를 비슷하게 맞추는 것이 좋다. #캔버스액자는 그림이 캔버스 측면까지 이어진 것이 완성도 있어 보인다. 걸고 싶은 그림이 주변과 어울리지 않을 때는 그림과 비슷한 색감의 소품을 주변에 함께 배치하면 위화감이 줄어든다.

액자 모양은 걸어둘 벽의 여백을 보고 선택한다. 벽 여백이 가로로 생겼다면 가로형을, 세로로 생겼다면 세로형을 걸면 되는데, 공간이 애매할 때는 정사각형이나 원형을 선택하면 무난하다. 예를 들어 소파 위와 같은 가로가 긴 면적에는 가로 길이의 액자가 안정감이 있고 세로 액자를 걸 때는 같은 크기의 액자를 2~3개 나열하는 것이 좋다.

일반적으로 하부에 있는 가구보다 1/2 이상 큰 액자는 가구 중심에 맞춰 걸어두면 안정적이다. 액자를 걸 여백이나 하부 가구의 가로 길이에 비해 액자가 많이 작을 땐 가로 길이의 중앙보다는 안쪽(코너에 가까운 쪽)에 치우치게 걸면 된다. 액자를 벽에 걸지 않고 가구 위에 올려서 다른 장식품과 함께 밀도 있게 꾸밀 때도 중앙에 배치하는 것보다 안쪽으로 치우치게 두는 것이 안정감 있다. 가구 위에 올려둘 물건이나 주변에 있는 다른 가구 배치에 따라 최적의 위치와 높이가 달라지기 때문에 위치를 움직이면서 눈으로 확인하며 결정한다.

▲ 가로형 액자

▲ 세로형 액자

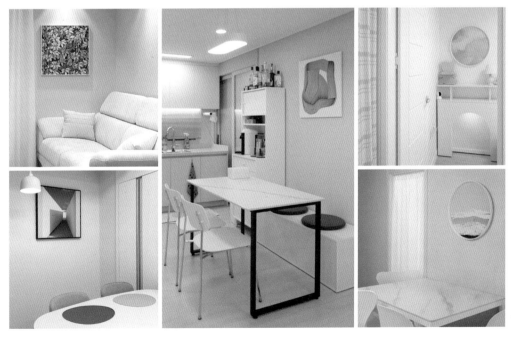

▲ 정사각형 액자

▲ 원형 액자

▶ 월행잉 소품

액자가 정갈한 느낌을 준다면 #행잉포스터 #패브릭포스터 #마크라메 #가랜드 등의 월행잉 소품은 조금 더 자연스러운 느낌을 준다.

패브릭 포스터는 액자에 비해 저렴해 저예산으로 집을 꾸밀 때 유용하다. 벽 하나는 거뜬히 채울 수 있는 대형 사이즈까지 있어서 벽면의 오염 및 파손, 타공 자국이나 짐을 가릴 수 있는 가성비 좋은 해결책이 된다. 보통 패브릭 포스터는 양쪽 모서리를 고정해야 하지만, 행잉 포스터는 우드봉에 끈이 달려 있어서 고리 하나만 있으면 설치가 간단하다. 실로 매듭을 지어 만든 마크라메는 내추럴하고 포근한 분위기에 잘 어울려서 따뜻한 색감이나 우드 가구와 매치하기 좋다. 가랜드는 가죽이나 패브릭, 나뭇가지, 조화식물 등 다양한 재료를 조합해서 만들 수 있고 계절별로 바꿔 달 수 있는 장점이 있다.

▲ 가랜드

▲ 패브릭 포스터   ▲ 행잉 포스터   ▲ 마크라메

월행잉 제품들은 대체로 가볍고 쉽게 움직일 수 있어서 노후한 두꺼비집이나 인터폰, 배전함 등을 가릴 때 유용하다. #두꺼비집가리개에는 두꺼비집의 두께를 커버할 수 있는 캔버스 액자도 있고, #인터폰가리개 중에는 뚜껑을 여닫을 수 있는 상품도 있다.

▲ 우드보드

▲ 캔버스 그림 그리기 DIY

▲ 캔버스 액자

▲ 패브릭 포스터

◀ 여닫을 수 있는 인터폰 커버

▲ 행잉 포스터 : 인터폰, 보일러 컨트롤러, 스위치

▶ 벽 선반

벽에 설치하는 #벽선반 #벽걸이행거 #코트랙도 소품을 진열하거나 걸어서 벽을 장식할 수 있다.
벽 선반에 책을 올리거나 벽 행거에 옷을 걸어두려면 하중을 견디기 위해 벽 타공이 필요하지만,
가벼운 소품이나 수집품을 올려둘 용도라면 타공 없이 꼭꼬핀으로 해결할 수 있다. 단, 무겁고 깨
질 위험이 있는 물건은 머리 위와 같은 위험한 위치는 피하는 것이 좋다. 소품을 올려 두지 않더라
도 선반 자체가 허전한 벽을 채우는 요소가 된다.

▲ 벽 선반

아날로그 난방 조절기를 가리면서도 사용에 불편이 없도록 라탄 선반을 벽에 걸었다. 덕분에 집 분위기를 해치지 않으면서 보
기 싫은 부분을 가릴 수 있고 덤으로 영양제를 둘 수 있는 선반이 되었다.

▶ 생활 장식품 : 시계, 달력, 거울

　#시계 #달력 #거울 등도 포인트가 될 수 있는 디자인을 선택하면 벽 장식품이 된다. 좁은 벽면이나 좁은 가구 위에는 중앙에 설치하고, 넓은 벽면이나 넓은 가구 위에는 한쪽으로 치우치게 설치한다. 시계는 우드나 스틸, 무광 도자기 등 주변 가구의 소재나 컬러를 반복하면 통일감 있는 포인트가 되고 침실처럼 조용한 곳에는 저소음, 무소음이 좋다. 일러스트 그림이나 사진으로 만들어진 달력은 포스터로 활용할 수 있고, 숫자만 적혀 있거나 패브릭으로 된 달력도 감성적인 느낌을 연출하기 좋다.

　거울도 소재와 형태가 액자 못지않게 다양해서 화장대에 필요한 거울 외에 벽을 장식하기에도 좋다. 특히 거울 주변이나 거울에 비춰 보이는 뒤쪽 배경은 감각적인 포토존이 되기도 한다. 액자처럼 만들어진 #드로잉미러나 #프린팅거울은 대부분 아크릴 거울이라 왜곡이 있는 편이라서 거울 기능보다는 장식적인 역할에 치중되는 편이다.

▲ 시계

▲ 달력　　　　　　　　　　　　　　▲ 거울

원목의 식탁에 맞춰 우드 프레임 시계를 선택했다. 거실장 중앙에 놓인 TV 영역을 제외하고 오른쪽에 남은 영역의 중심에 맞추고, 반대쪽 벽면의 캔버스 액자와 비슷한 높이로 설치했다.

② 천장과 바닥의 높낮이를 만드는 장식품

▶ 천장, 드롭 장식품

　#모빌이나 #썬캐처 #드림캐쳐 등은 벽에 걸 수도 있지만 천장에 설치하면 자유로운 움직임을 보여준다. 자리를 차지하지 않는 위쪽 공간을 활용해서 공간을 풍성하게 만들고 시선을 끌어올리는 역할을 하는데 주로 침대나 책상 가까이 보이는 코너 영역, 창가에 설치한다. 천장이나 몰딩에 고리를 걸어서 설치하거나 커튼봉, 커튼레일에 걸어도 간편하다. #행잉플랜트나 #조화넝쿨은 하나보다는 여러 개를 응집한 뒤 내려오는 길이를 다르게 조절해서 설치하는 것이 자연스럽다.

▲ 모빌

▲ 모빌, 행잉 플랜트

▲ 천장 가랜드

▲ 썬캐처

143

▶ 바닥, 스탠드 장식품

　바닥에 두는 장식품은 가구 옆 애매한 여백을 채워줄 포인트로 활용할 수 있다. 낮은 가구 옆엔 높은 장식품을, 높은 가구 사이에는 낮은 장식품을 두어 높낮이를 형성한다. 때로는 의도적으로 통행을 막거나 시야를 차단하기 위해 활용하기도 한다. 예를 들어 오픈된 현관이나 공간 분할이 필요한 곳에 가벽 대신 화분 등을 두는 것이다.

　#매거진랙에는 가짜 영자 신문, 페이크북(책 모형, 가짜 잡지) 등을 꽂아 스탠드 장식품으로 활용할 수 있다. 비슷하게 #북타워도 책을 감각적으로 쌓아 연출하거나 화분, 소품을 두는 장식 선반으로 쓸 수 있다. #조화화분이나 크기가 큰 화분은 바닥에 두는 것이 안정감 있고 #액자 역시 바닥에 배치할 수 있다. 이렇게 높은 스탠드 장식품을 배치하거나 액자를 바닥에 두고 낮게 활용하면 노출된 콘센트를 가릴 수 있어 인테리어 완성도가 높아진다.

▲ 콘센트 가림 및 코너 여백 매거진랙

▲ 가구 옆 북타워   ▲ 가구 옆 화분   ▲ 오픈 현관 옆 조화 나무   ▲ 코너 여백 조화 화분

▲ Before   ▲ After

소파 대신 사용하는 낮은 매트리스에서 볼 때 수납함에 올려둔 기타와 현관 옆에 있는 높은 가구가 위태로운 느낌이 들었다. 수납함과 기타는 높은 가구가 있는 방으로 옮기고, 공간을 답답하게 가리고 있던 선반은 분리해서 에어컨 옆에 안정감 있게 배치했다. TV를 보며 식사하기 위해 사용하던 확장형 좌식 테이블이 통행을 방해해서 평소에는 치워 두어 손님용으로 사용하고 수납장 뒤에 자리를 적게 차지하는 원형 테이블로 식사 자리를 마련했다. 노트북 자리를 겸해서 식사할 땐 수납장 위에 노트북을 올려둘 수 있다.

▲ 화분 및 장식 가구　　　　▲ 콘센트 가림 액자　　　　▲ 코너 액자

③ 가구 위에 진열하는 장식품

　예쁜 소품이라도 배치하는 위치와 방식에 따라 돋보일 수도 있고, 눈에 띄지 않거나 산만해 보일 수도 있다. 식탁이나 책상과 같은 가구 위에는 장식품을 조금만 두는 것이 가구를 사용하기에 방해되지 않고 장식도 한결 돋보인다. 장식품을 여러 개 두고 싶다면 수납 가구 위를 진열대로 활용하거나 전용 선반을 따로 두는 것도 좋다. 여행 기념품이나 추억과 관련된 물건, 취향과 취미에 관련된 수집품 등 작은 오브제는 하나만 두는 것보다 여러 개 모아 둘 때 장식 효과가 있고 스토리가 보인다. 단, 빈틈없이 가득 채우는 것보다 주변에 여백이 있어야 더 돋보인다. 벽에 걸린 액자 밑에 소품을 둘 때도 액자 바로 아래는 비우고 양쪽에 소품을 배치해서 삼각형을 이루면 안정적이다. 높은 위치에는 가벼운 소품을 놓되 가득 채우지 않도록 한다. 입구 쪽에는 낮고 밝은색의 소품을, 안쪽 코너에는 크고 어두운색의 소품을 두어야 답답해 보이지 않는다. 쉽게 쓰러질 것 같은 소품은 소품 바닥면에 흔적이 남지 않는 블루택이나 양면 실리콘 테이프로 고정해서 안전하게 설치한다.

　가구 배치와 다르게 소품은 비슷한 크기만 반복하거나 크기 순서대로 나열하면 매력이 없고, 비례감이 대조되는 소품을 함께 매치해서 높낮이와 볼륨감의 차이가 있을 때 더 매력적이다. 예외로 화분은 식물마다 모양과 크기가 다르기에 같은 크기를 나란히 나열해도 괜찮다. 크기가 작은 화분은 그대로 바닥에 두는 것보다 스툴이나 가구 위에 올리는 것이 한결 눈에 띈다.

　화병은 생화나 조화를 꽂지 않아도 훌륭한 디자인 오브제가 된다. 페이크북, 캔들 홀더(촛대), 오르골 등 장식용 소품 외에도 저금통, 방향제, 스피커 등 생활용품도 디자인을 고려해서 고르면 장식품이 된다. 식탁 위에 필요한 휴지나 물티슈는 케이스를 씌우고, 사용하기 편한 자리에 있어야 하는 리모컨, 차 키도 각각 리모컨 보관함, 차 키 트레이를 활용하면 주변 분위기를 해치지 않는다. 가전과 함께 둘 때도 장식과 컬러 톤이나 크기 비율을 맞춰 어울리게 한다.

▲ 액자 하부 삼각형 구도 배치   ▲ 소재가 같은 장식품 반복

진열장에 배치하는 소품은 층마다 같은 규칙을 반복하는 것보다 높이와 부피가 다르게 배열하는 것이 좋다. 장식품과 함께 놓이는 생활용품은 보기 좋은 디자인으로 고르거나 바구니에 담아 정리한다.

화병이나 화분 등 작은 소품은 가구 위에 올려야 잘 보이고, 티슈는 케이스를 씌우면 주변 분위기를 해치지 않는다.

생활용품은 바구니나 트레이에 담고 생활가전과 킬러 톤을 맞춰 장식품으로 활용한다.

장식품 설치하기

타공을 할 수 없는 상황에서도 흔적을 최소화하며 설치를 도와줄 수 있는 다양한 상품이 있다. 설치할 위치나 장식품에 따라 적절히 활용해 보자.

- **꼭꼬핀** : 고리가 있는 핀을 벽지에 꽂는 제품으로 고리 부분이 U자형, I자형이 있고, 고리 부분에 원목이나 다른 디자인이 결합된 상품도 있다. 1~2kg 하중을 견디는 일반 꼭꼬핀과 2.5~3kg 하중을 견디는 파워 꼭꼬핀이 있고, 행거나 선반 몸체에 꼭꼬핀이 결합된 제품도 있다. 얇은 벽지가 벽에 완전히 밀착되는 합지에는 사용이 어렵고, 벽지와 벽 사이가 떠 있는 실크 벽지에 사용할 수 있다. 꼭꼬핀이 꽂힌 벽지가 아래로 늘어나 자국이 생긴 경우, 물을 살짝 뿌린 후 천을 대고 드라이기나 다리미로 열을 가하면서 늘어난 방향과 반대로 밑에서 위로 밀어 올리면 복원된다.

- **침핀/압정** : 벽지에 패브릭을 설치할 때 고리가 노출되는 꼭꼬핀 대신 침핀을 활용하면 깔끔하다. 가구에는 부착 상품 대신 압정으로 고정하면 간편하다.

- **착한못(아이디어못)** : 작은 핀이 부착된 고리로, 망치로 살짝 두드려 꽂으면 벽이나 가구, 몰딩에 사용할 수 있다. 꼭꼬핀보다 더 무거운 하중을 견딘다. 제거해도 자국이 거의 눈에 띄지는 않지만, 작은 구멍이 신경 쓰인다면 퍼티로 커버한다.

- **부착형 고리** : 몰딩이나 타일 벽면, 아트월과 같은 표면이 매끈한 면에 사용한다. 다양한 유형이 존재하고 투명 외에도 포인트가 되는 디자인이 많다.

- **아트월 브라켓/아트월 걸이** : 부착형 고리나 꼭꼬핀을 사용할 수 없는 아트월에 사용하는 전용 브라켓이다. 아트월 줄눈에 끼워 넣어 시계나 액자를 걸 수 있다. 줄눈에 맞춰서 설치해야 하므로 사용 위치가 제한적이지만, 쉽게 설치할 수 있고 제거 후에도 자국이 남지 않는 것이 장점이다.

꼭꼬핀　　　　침핀/압정　　　착한못(아이디어못)　　　부착형 고리　　　　아트월 브라켓

• **원형 나사고리** : 천장이나 몰딩과 같은 무른 벽면에 손으로 돌려서 끼운다. 모빌이나 조화 행잉 플랜트와 같은 비교적 가벼운 장식품을 걸 수 있다.

• **와이어 걸이** : 원형 나사고리보다 무거운 하중을 견딜 수 있는 제품으로 천장 몰딩에 타공하는 방식이다. 몰딩에 생긴 구멍은 퍼티를 채워 복원한다. 하나만 고정하는 원뿔형도 있고 위치를 움직이거나 여러 와이어를 추가할 수 있는 레일형도 있다.

• **양면 실리콘 테이프(겔테이프)** : 1mm, 2mm 두께가 있는 투명한 제품으로 제거해도 끈적임이 남지 않지만 벽지가 뜯어질 수 있으니 매끈한 면에 사용하길 권장한다. 몰딩이나 문에 패브릭 포스터나 가리개 천을 부착할 때나 가구에 멀티탭을 고정할 때 유용하다. 장식품 바닥에 부착해서 넘어지지 않도록 고정하는 용도로도 사용한다(비슷한 타입으로 3M 코맨드 찍찍이 테이프도 있다. 찍찍이로 잡아 주는 힘이 있어서 액자를 걸 때도 활용된다).

• **블루택** : 점토 점착제로 제거할 때 천천히 돌돌 말듯이 밀어 떼어 내면 벽지에 자국이나 손상이 없다. 사진이나 포스터, 가벼운 소품을 고정하는 용도로 벽지가 찢어질 수 있는 마스킹 테이프를 대신하기 적합하다. 필요한 만큼 뜯어서 손으로 반죽하면 마찰열로 인해 말랑해지며 점착력이 생기고, 잘못 붙였을 땐 떼어 내서 다시 반죽하면 재사용이 가능하다. 반죽한 점토는 동그란 모양으로 말아서 부착해야 점착력이 높아진다.

• **실란트픽스 접착제** : 타일, 대리석, 유리, 나무, 금속에 강력하게 부착할 수 있는 초강력 접착제로 화장실이나 주방 타일에 많이 사용한다(단, 벽지, 시트지, 시멘트, 석고에는 사용이 불가하다). 다른 제품과 달리 표면이 고르지 않은 곳에도 사용할 수 있다. 접착제를 도포한 후 테이프로 고정한 채로 하루 이상 경화하는 시간이 필요하다.

원형 나사고리　　와이어 걸이　　양면 실리콘 테이프　　블루택　　실란트픽스 접착제
(겔테이프)

3 조명 추가하기

조명은 인테리어의 꽃이라고 불릴 만큼 분위기에 미치는 영향력이 크다. 활동하는 공간에는 대체로 환하고 밝은 조명을 사용해서 쾌적하고 넓은 느낌을 준다. 천장 조명을 교체할 수도 있지만 충전하거나 코드를 꽂아 사용하는 조명을 추가해서 밝기를 보완하고 분위기를 연출할 수도 있다.

조명의 색, 온도에 따라 뇌파에 변화가 생기기에 공간을 사용하는 목적에 맞춰 조명을 추가하면 좋다. 일반적으로 하얀빛을 내는 주광색은 두뇌의 정보 처리량을 늘리고 집중력과 기억력에 도움을 주어 작업실, 책상 등 집중을 요하는 공간에 쓰인다. 반대로 따뜻한 노란빛을 내는 전구색은 음식이 더 맛있어 보이게 하고 몸과 마음을 편안하게 만들어서 식탁 위나 침대 옆처럼 휴식을 즐기는 곳에 놓는다. 요즘은 주광색(하얀빛)과 전구색(노란빛)의 중간 정도 되는 주백색(아이보리)이 환하면서도 따뜻한 느낌을 주어 거실에서 많이 쓰이고 있다.

① 배치하는 조명

▶ 스탠드 조명

원하는 위치에 둘 수 있는 스탠드 조명은 주변과 분리된 공간을 연출할 수 있다. 메인 가구 옆에 두고 아늑한 무드를 형성하거나 집중할 수 있는 환경을 만든다. 벽 코너에 둔 조명은 공간의 경계를 없애면서 빛과 그림자로 공간을 한결 풍성하게 만든다. 가구 위에 올리는 #단스탠드조명은 개성 있는 디자인 자체만으로도 포인트가 되고, #장스탠드조명은 켜두지 않더라도 시선을 끌어올리는 장식품 역할을 한다. 주로 소파 옆, 침대 옆 안쪽 코너 영역에는 장 스탠드를 두고, 협탁, 사이드 테이블 위에는 단 스탠드를 올린다.

예를 들어 침대를 배치하고 남는 공간이 좁다면 코너에 장 스탠드를 배치해도 좋다. 그런데 침대 옆 공간에 여유가 있다면 침대보다 높은 장 스탠드를 두어 벽 면적을 분할하는 것보다 협탁을 놓고 그 위에 단 스탠드를 두는 것이 안정적이다. 또 침실이 넓다면 양쪽에 스탠드 조명을 두고 호텔 분위기로 꾸밀 수도 있다. 좁은 공간에는 사이드 테이블과 조명이 하나로 합쳐진 #테이블스탠드조명 #선반스탠드조명으로 두 가지 기능을 한 번에 해결할 수도 있다.

식탁 위에도 펜던트 조명 대신 단 스탠드를 놓을 수 있고, 원형 테이블 옆에 장 스탠드를 세워도 잘 어울린다. 주로 거실에 활용하는 #활장장스탠드조명을 테이블 옆에 두면 펜던트 조명처럼 빛을 테이블 중앙에 비출 수 있다. 충전해서 사용하는 #무선스탠드조명은 위치에 제약이 없어서 침대나 소파 옆, 책상이나 식탁 위 등 원하는 곳에 자유롭게 사용할 수 있다. 조명을 둘 자리가 없다면 침대 프레임이나 책상과 같은 가구에 집게 형태로 고정할 수 있는 집게 조명이나 독서등을 활용해도 좋다.

▲ 침실 협탁 위 단 스탠드 조명

▲ 침대 옆 장 스탠드 조명

마그넷 무선 스탠드 조명

침대 양옆으로 여백이 넉넉하지 않아 슬림한 충전형 조명을 두었다. 침대에서 바로 충전할 수 있도록 충전기를 각각 두었고, 분리되는 원형 조명은 스탠드 거치대나 벽에 부착한 마그넷 부품으로 옮겨서 사용할 수 있다.

▲ 소파 옆 스탠드 조명   ▲ 소파 옆 테이블 스탠드 조명   ▲ 침대 옆 테이블 스탠드 조명

▲ 가구 위 단 스탠드 조명

▶ 가구 조명/소품 조명

조명이 결합된 가구나 소품은 스탠드 조명을 대신하거나 특별한 무드를 더할 수 있다. 넓은 침실에는 협탁과 조명이 달린 사이드 보드를 포함한 호텔식 침대를 사용할 수 있고, 좁은 침실에는 헤드보드에 LED 조명이 달린 침대를 둘 수 있다. 장식장이나 주방 수납장 등 구입해야 하는 가구 자체에 조명이 있는 제품을 선택하면 별도로 조명을 추가하지 않아도 된다. 그 외에도 #아크릴무드등과 #네온사인조명 기능을 겸한 #캔들워머 같은 장식품은 색다른 분위기를 연출할 수 있다.

▲ 침대 헤드보드 조명, 사이드 보드 조명

▲ 조명 시계와 소품　　　　▲ 스피커 조명　　　　▲ 장식장 조명

▲ 캔들워머　　　　　　　　　▲ 네온사인　　　　　　　　　▲ 스탠드 조명과 캔들워머

② 공사 없이 설치하는 조명

▶ 벽걸이 조명

스탠드 조명처럼 전기 공사 없이 플러그를 꽂아서 사용할 수 있는 #벽걸이조명이 있다. 타공이 필요한 조명 외에도 꼭꼬핀으로 간편하게 거치할 수 있는 것도 많다. 벽에 #관절조명을 설치하면 일정 범위까지 위치를 움직여 필요한 곳에 빛을 비출 수 있다. 조명을 켤 수 있는 시계, 거울, 액자도 벽걸이 조명으로 활용할 수 있는데, 이런 제품은 공간의 높낮이를 적절히 활용하기 좋다.

▲ 벽걸이 관절 조명　　　　　▲ 벽걸이 조명　　　　　　　　▲ 액자 조명

▶ 전기 코드선

#전기코드선을 구매해서 원하는 조명에 달린 전선과 연결하면 배선 공사 없이도 원하는 위치에 조명 설치가 가능하다. 단, 조명 무게가 있으므로 안전하게 고정할 수 있도록 타공이 필요할 수 있다. 껐다 켤 수 있는 스위치가 필요하다면 #중간스위치전원선 #스위치코드선을 구매하면 된다. 전기 배선이 없는 천장에 펜던트 조명을 달고 싶다면 전기 코드선을 연결해서 플러그에 꽂아 사용하는 조명으로 바꾼 후 천장에 고정하면 된다. 전기선에 전구 소켓이 연결된 #조명소켓코드선 #소켓조명선을 구입하거나 직접 만든 갓을 달아 천장에 #조명전선홀더로 고정해도 좋다. 천장에 설치한 전기선은 최대한 눈에 띄지 않도록 몰딩과 코너 벽을 따라 붙이는 게 좋다. 이때 #전선몰드나 #전선정리클립 #케이블클램프 등을 사용하면 깔끔하게 마무리할 수 있다. 천장에 나사를 사용할 때 천장 속이 비어있는 곳에는 일반 나사만으로 고정되지 않기에 앵커 볼트(앙카) 또는 칼브럭이 필요하다. 먼저 구멍을 뚫고 앵커 볼트부터 넣어준 후 피스(나사)를 설치하면 된다. 앵커 볼트는 전선 홀더나 다른 벽타공 제품을 구매할 때 설치 부속품으로 함께 오거나 추가할 수 있다. 전선 홀더를 설치했던 자리에 생긴 타공 자국은 퍼티(크랙필러)로 메꾼다.

▲ 중간 스위치 전원선　　▲ 조명 소켓 코드　　▲ 조명 전선 홀더

▲ 전선 정리 클립　　▲ 케이블 클램프　　▲ 전선 몰드

▶ 붙이는 조명

간편하게 양면테이프로 부착할 수 있는 제품으로 무선과 유선이 있다. 커튼 박스, 침대 아래, 침대 헤드 뒤에 설치해서 간접 조명으로 사용하거나 싱크대 상부장의 아래, 옷장 내부, 발코니 등 어두운 곳을 밝히는 데 쓸 수 있다. 전기가 필요 없는 무선 타입은 충전하거나 건전지를 사용하며 부착 위치가 자유로워서 센서등으로 활용하기 좋다. 침대 하부와 화장실, 주방에 붙이면 어두울 때 불을 켜지 않고도 화장실을 다녀오거나 물을 마실 수 있다. 또 옷장 문을 열었을 때 불이 켜지도록 붙이거나 현관 입구나 신발장 하부에 붙여도 유용하다.

▶ 라인 조명

#LED라인조명은 커튼 박스 안이나 책상 뒤쪽, 침대 프레임 뒤쪽에 부착해서 간접 조명으로 연출할 수 있다. 여러 가닥이 커튼을 따라 내려오도록 설치하는 #LED와이어커튼전구도 있다. 흔히 #앵두전구 #트리전구라고 부르는 라인 조명은 감성적인 무드를 연출한다. 전구의 크기와 디자인이 다양해 소품과 함께 창의적인 연출이 가능하다. 라인 조명은 대개 건전지를 사용하거나 USB 전원을 연결할 수 있고 리모컨으로 빛의 컬러나 움직이는 패턴, 타이머 기능을 설정할 수 있다.

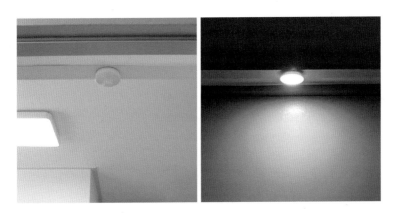

▲ 현관문 틀, 센서 조명

▲ 발코니 창틀, 플러그 스위치 바 조명

▲ 상부장 하부, 터치 바 조명

▲ 수건장 하부, 센서 바 조명

▲ 앵두 전구

▲ TV 뒤 라인 조명

▲ 커튼박스 라인 조명

책상에 라인 조명을 설치하고, 불을 켜지 않아도 장식품처럼 보이는 크고 작은 조명을 곳곳에 배치했다. 라인 조명은 컬러를 변경해 다양한 분위기를 연출할 수 있고, 캔들워머, 단 스탠드, 무선 미니 조명, 선셋 조명을 더해 공간이 한결 특별해졌다.

02 셀프 작업으로 바꾸기

바닥 장판, 벽지, 몰딩, 문과 문틀은 전체 분위기의 베이스가 된다. 이사 전 확인한 오염, 곰팡이, 노후로 인한 부식, 파손 등은 집주인에게 교체를 요구할 수 있지만 단순히 마음에 들지 않는다는 이유로 교체를 해주는 경우는 거의 없다. 전월세 집은 마음대로 공사를 할 수도 없고 투자 비용이 아까우니 원상 복구가 가능한 부분과 이사할 때 가져가서 다시 활용할 수 있는 것을 교체하는 셀프 작업 정도면 충분하다. 셀프 작업은 큰 비용을 들이지 않고도 눈에 띄는 변화를 가져온다.

1 바닥 바꾸기

셀프 작업으로 기존의 장판을 철거하지 않고 마음에 들지 않는 바닥을 손쉽게 바꿀 수 있다. 단, 마루 위에 시공하면 습기로 곰팡이 문제가 생길 수 있고, 난방 시 열전도율이 낮아진다. 바닥 전체를 바꾸기보다는 보기 싫은 영역 일부만 보완하며 분위기를 바꾸는 것이 좋다.

① 장판

장판 시공은 대개 전문가에게 맡기지만 철거 작업이 필요 없는 장판 위에는 셀프 작업도 가능하다. 장판은 크게 #모노륨장판과 #펫트장판 두 가지 종류가 있다. 모노륨 장판은 내구성과 복원력이 강해 장기간 사용할 수 있지만 가격이 높은 편이고, 이음매가 보이지 않게 접착 시공하기에 난이도가 있는 편이다. 펫트 장판은 저렴해서 주로 원룸, 월세방에 많이 쓰이며 얇아서 찍힘 자국이 잘 생기는 편이다. 하지만 별도의 접착 없이 이음매를 그냥 겹쳐두는 방식으로 시공하기에 셀프 작업으로 적합하고, 러그나 카펫처럼 기존 장판 위에 깔기만 하면 되니 간편하다. 열에 의해 수축·팽창하므로 여유 있게 겹쳐두고 끝마감은 걸레받이처럼 벽을 타고 올라오도록 한다.

#장판시트지는 스티커처럼 뒷면의 이형지를 제거하고 기존 바닥재 위에 덧붙일 수 있다. 재단이 쉬워서 작업 난이도가 높지는 않으며 바닥재에 적합한 무늬와 텍스처가 고급스럽게 들어가 있다. 점착식 장판 시트지는 원상 복구가 가능하긴 하지만 떼어내고 끈적임을 지우기 힘들어서 넓은 면적보다는 좁은 면적이나 바닥 보수에 활용된다. 원상 복구를 해야 할 경우에는 깔끔하게 제거 가능한 #리무벌바닥시트지를 추천한다.

159

▲ Before

▲ After

실평수 5평에 필요한 펫트 장판 비용은 5만 원대였고, 걸레받이처럼 벽을 타고 올라가게 마감했다.

② 데코타일

데코타일은 장판에 비해 눌림이나 찢어짐도 적은 편이고, 칼로 손쉽게 절단하여 낱개로 시공할 수 있어서 셀프 작업이 쉽다. 크기도 다양하고 나무, 대리석, 테라조, 화강암, 세라믹, 카펫 등의 소재를 사실적으로 재현해 다양한 질감을 느낄 수 있다. 단, 바닥 난방으로 인해 들뜸이 생길 수 있어서 주거 공간보다는 사무 공간에 추천하며 주거 공간에는 #온돌전용데코타일을 사용하거나 온돌 전용(난방용) 본드를 발라서 설치한다. 본드를 사용하면 고정력이 오래 지속되고 밀림이나 들뜸 현상이 적지만 원상 복구가 어렵다. 단기간 사용하고 원상 복구하려면 #비접착식데코타일 뒷면 모서리에 데코타일용 #리무벌양면스티커(비점착용스티커)를 부착하면 된다. 쉽게 떼어낼 수 있고, 어디든 덧댐 시공이 가능하지만 마룻바닥 위에는 추천하지 않는다. 뒷면 전체가 스티커인 #점착식데코타일은 주로 좁은 면적, 현관이나 발코니에 활용한다.

③ 매트

플라스틱 종류인 PVC, PE, PP 소재 #놀이매트나 #반려견매트는 물론 잘라서 사용할 수 있는 #롤매트 #퍼즐매트도 있다. 롤 매트로 설치하면 이음매가 적은 편이고 요즘은 바닥 마감재와 비슷한 디자인도 다양해서 가구를 배치하고 남은 영역을 가리는 용도로도 사용한다. 발코니에 깔면 타일 바닥의 냉기를 막아주며 발코니를 슬리퍼 없이 사용할 수 있고, 아이가 있으면 미끄럼틀 등 부피가 큰 장난감을 두고 놀이터로 활용할 수 있다.

가격이 저렴한 #코일매트 역시 PVC 소재로 주로 현관, 발코니, 세탁실 바닥의 촌스러운 타일을 대신한다. 설치할 면적보다 여유 있는 크기로 맞춤 주문해서 잘라 내면 된다. 가위나 칼로 재단할 수 있어서 쉽고 빠르게 작업 가능하고 두께나 컬러, 패턴이 다양하다. 밀림 방지가 되는, 바닥이 막힌 코일 매트는 청소기로 청소가 가능하며 대청소할 때 털어서 햇볕에 말리면 좋다. 세탁실 등 물을 사용하는 곳에는 통풍이 되는 제품을 사용하면 된다. 운동기구를 둘 자리가 없을 때 작은 발코니에 코일 매트를 깔고 운동기구를 두면 홈 짐이 된다.

▲ 발코니 놀이 매트 Before

▲ 발코니 놀이 매트 After

▲ 거실 반려견 매트　　　　　　　　　　　　　▲ 작은 발코니 홈 짐 코일 매트

▲ Before　　　　　　　　　　　　　　　　　　▲ After

▲ Before　　　　　▲ After　　　　　▲ Before　　　　　▲ After

올드한 느낌의 현관 타일에 다양한 패턴, 무늬가 있는 코일 매트를 깔아 포인트 공간으로 연출했다.

④ 조립식 데크타일

　촌스러운 타일을 가리거나 슬리퍼 없이 사용할 수 있는 공간을 만드는 데 활용하는 조립식 #데크타일은 면적 대비 가격대는 높지만 감성적인 분위기를 만들 수 있다. 요즘은 방과 연결된 작은 발코니를 특별한 공간으로 만들 때 많이 사용한다. 넓은 발코니라면 세탁 영역을 제외하고 일부분만 깔아 다른 용도로 활용하게끔 공간을 분리하기도 한다. 데크타일을 깔고 테이블을 두면 티타임과 독서를 위한 휴식 공간이 되고, 캠핑 장비를 두고 홈 캠핑을 하거나 홈 가드닝을 즐기는 등 취미를 위한 아지트로 꾸밀 수도 있다. 무드 있는 분위기를 연출하는 우드 데크타일 외에도 요즘은 유지 관리가 용이한 소재에 무늬와 질감만 우드인 제품도 있고 다양한 모양과 패턴이 있다. 물을 사용하는 곳에는 우드 소재는 피하고 틈새가 있는 제품을, 물을 사용하지 않는 곳에는 틈새가 없는 제품을 활용하면 하부로 먼지가 쌓이지 않고 작은 물건이 빠질 염려가 없다. 정해진 규격이 있는 조립식 바닥재이므로, 남는 여백은 자갈을 채워 완성하면 된다.

◀ 우드 데크타일 – 홈 가드닝, 홈 캠핑

▲ 틈새 없는 데크타일(발코니)

틈새 없는 데크타일(건식 화장실)

본품은 4조각으로 분리되며, 마감재는 본품보다 슬림하고 튀어나온 연결 고리가 없어 깔끔하다. 여기에 본품 크기 반만 한 보조 블럭을 함께 구성하면 여백을 최소화할 수 있다.

⑤ 카펫

　패브릭 소재의 바닥재로 전체 면적에 깔 수 있는 롤카펫, 타일 카펫과 일부를 덮는 러그가 있다. 넓이가 넉넉한 #롤카펫은 이음매가 적어 깔끔해 보이고, 접착제 없이도 밀림 또는 들림 현상이 거의 없다. 공간에 맞춰 칼이나 가위로 잘라 마무리하는데, 재단 길이가 길고 무거워서 손에 힘이 꽤 많이 든다. 그래서 낱장으로 가볍게 들고 짧게 재단할 수 있는 #타일카펫이 작업하기는 더 편하다. 타일 카펫도 접착제 없이 깔아도 되지만 이음매가 많이 생겨서 부분적으로 미끄럼 방지 테이프를 사용하는 것이 좋고 이때 결의 방향을 통일해서 깔면 깔끔하다. 가로세로 30㎝, 50㎝, 60㎝로 조각 크기를 선택할 수 있고 사이즈가 클수록 이음매를 최소화할 수 있다. 오염이 생겼을 때 일부만 관리할 수 있는 장점이 있는데 부분 교체를 위해 추가 구매할 경우, 색상에 차이가 있을 수 있으니 처음 구입할 때 여유분을 구매해 두면 좋다. 카펫 역시 실내뿐만 아니라 물을 사용하지 않는 발코니에 깔면 발코니를 다양하게 활용할 수 있게 된다.

　좁은 방은 대형 러그 하나로 간편하게 바닥재의 분위기를 바꿀 수 있다. 특히 침대나 옷장처럼 큰 가구를 배치하고 남은 자리에 러그를 깔면 바닥 전체에 카펫을 깐 것처럼 보일 수 있다. 원하는 크기로 맞춤 제작을 할 수 있고, 세탁이 가능해서 전체 카펫을 까는 것보다 유지 관리가 편하다. 바닥의 상처나 틈새를 가리고자 사용할 때는 바닥과 비슷한 컬러를 선택하면 자연스럽고, 분위기를 바꾸기 위한 용도로 활용할 땐 포인트 컬러와 패턴을 선택하면 된다.

▲ 타일 카펫, 발코니 홈바　　　▲ 결 방향이 다른 타일 카펫　▲ 인조 잔디 카펫, 반려묘 놀이터

1. 바닥에 찍힘 자국이 많아 침대를 배치하고 남은 영역에 차분한 그레이 톤 롤카펫을 깔았다. 침구와 패브릭 포스터 등 전체적인 톤 역시 그레이 컬러로 통일해서 안정감을 더했다.
2. 짙은 블루 컬러 롤카펫을 깔고 화이트 가구를 매치했다. 장식품도 실버와 선명한 컬러를 포인트로 활용하면서 취향을 표출하는 공간으로 꾸몄다.

벽면은 벽지가 붙어 있는 벽 외에도 주방의 타일 벽, 방문, 창문, 문틀, 몰딩까지 벽 면적을 구성하고 있는 모든 부분을 포함한다. 셀프 작업으로 전체 벽면을 바꾸는 것 외에도 필요한 부분만 분할해서 커버하거나 분위기를 개선할 수 있다. 파손되거나 오염된 벽지는 가구 배치만으로도 자연스럽게 가려지는 경우도 많다. 그래도 해결되지 않는 부분은 앞서 꾸미기 요소로 언급한 커튼이나 패브릭, 가벽, 액자 등 데코 제품을 활용해서 가릴 수 있다.

① 도배

풀 바르는 과정이 필요 없는 도배지를 활용하면 셀프 작업이 편하다. #풀발린벽지는 제품이 젖어 있기에 조심히 펼쳐 붙여야 업체를 통한 것과 비슷한 결과물이 나온다. 더 간편하게 붙였다 떼어낼 수 있는 #매직스티커벽지 #포스트잇벽지와 같은 벽지 스티커 제품도 있다. 일반 실크 벽지처럼 두께가 얇은 제품부터 결로 방지와 방한 효과가 있는 단열 벽지까지 두께와 타입이 꽤 다양하다. 단, 이런 스티커 제품은 합지 벽지 위에 작업할 경우 떼어낼 때 벽지가 뜯어질 수 있다.

도배 작업할 벽지는 실측한 벽 세로 길이보다 여유 있는 사이즈로 주문하고 오른손잡이는 대개 왼쪽 위에서부터 붙이기 시작한다. 위아래 남는 부분은 칼날을 받칠 수 있는 것(헤라, 자 등)을 대고 자른다. 콘센트나 스위치 부분은 X자로 자른 후 제거할 크기만큼 잘라 내면 되는데, 이때 콘센트나 스위치 크기보다 벽지를 조금 더 작게 잘라 내면 커버를 끼웠을 때 깔끔하게 마무리할 수 있다.

TIP

우리 집 벽지는 뭘까?

벽지는 크게 합지와 실크 벽지로 분류된다. 합지 벽지는 폭이 좁고 겹침 시공을 하기 때문에 이음매가 잘 보이는 편이다. 또 코팅이 되어 있지 않아 만져보면 종이 질감이 그대로 느껴진다. 반면 실크 벽지는 벽지 폭이 넓고 겹침 시공을 하지 않아 이음매가 눈에 잘 띄지 않는 편이다. 종이에 코팅이 되어 있어 표면에 은은한 광택이 느껴지거나 엠보싱 같은 질감이 보인다. 특히 손으로 눌러 보면 부분부분 벽에서 떨어져 있는 것이 확인된다. 코팅된 실크 벽지가 가격대가 높은 만큼 유지 관리가 용이해서 오래 쓸 수 있다. 또 실크 벽지는 벽과 벽지 사이에 꼭꼬핀을 꽂을 수 있고 어느 정도 무게를 잘 견디지만 합지는 꼭꼬핀이 잘 꽂히지 않고 종이라서 쉽게 찢어진다.

② 페인트

페인트는 작업 난이도가 높지 않아 셀프 인테리어를 할 때 흔히 사용된다. 칠하고자 하는 곳에 따라 벽지용, 가구용, 멀티용, 타일용, 목재용, 철제용, 외부용 등 종류가 나뉘고 곰팡이 결로 방지, 항균 등 기능성 제품도 있다. 광택 정도에 따라 무광, 저광(에그쉘광), 반광, 유광 제품이 있다. 광택이 높을수록 유지 관리가 편하지만 주로 외부에 사용하거나 실내에선 좁은 면적에 활용하고, 광택이 낮을수록 세련된 느낌이라 넓은 면적이나 내부에 많이 사용한다. 페인트를 칠하기 전 표면을 청소하며 필요에 따라 보수용 크랙필러, 퍼티, 사포로 다듬어 준다. #커버링테이프와 #마스킹테이프로 천장, 벽, 바닥, 콘센트 스위치까지 보양 작업을 꼼꼼히 할수록 결과물이 깔끔하다. #젯소(프라이머)를 먼저 칠하고 충분히 건조한 후 페인트 작업을 하면 컬러 발색이 잘 되고 페인트 밀착력도 높아진다. 무늬가 없는 하얀 벽지일 경우 젯소를 칠하는 과정을 생략하기도 하고, 요즘은 젯소 없이 바로 칠하는 페인트(팬톤 우드앤메탈, 피크페인트 등)가 있어서 편하다. 심지어 떼어내서 제거할 수 있는 제품(피크페인트)은 원상 복구도 가능하다. 가장자리나 콘센트 주변과 같은 세밀한 부분부터 붓으로 칠하고 전면은 롤러나 패드를 사용하는데 오른손잡이 기준으로 좌에서 우, 위에서 아래 방향으로 칠한다. 칠은 2~3회 정도 권장하고 건조 시간 및 재도장 시간은 제품마다 상이하므로 확인하고 진행하자. 마지막 칠이 끝나면 보양 작업으로 붙인 테이프를 제거하고 물티슈나 아세톤으로 주변을 닦는다.

도배 대신 #벽지페인트로 방 전체를 칠하거나 마음에 들지 않는 포인트 벽지만 깔끔하게 바꿀 수도 있다. 방문과 문틀, 창문틀, 천장 몰딩은 #방문페인트 #가구페인트 #멀티페인트를 사용한다. 벽지를 화이트로 칠할 때 천장 몰딩도 화이트로 같이 칠해주면 공간이 더 넓고 쾌적해 보이는 효과가 있다. 이때는 멀티용 페인트로 벽지와 몰딩을 한 번에 칠하면 편하다. 현관문은 철제라서 #철제용페인트를 사용해야 하고 무광보다는 최소 저광은 사용해야 유지 관리가 편한데, 나는 방문과 현관문 모두 칠할 수 있는 팬톤 우드앤메탈의 저광(에그쉘광)을 주로 사용한다. 현관문은 인테리어 필름지로 작업해도 좋지만 초보자가 혼자 작업하기에는 페인트칠이 더 쉬운 편이다. 주방이나 화장실의 타일에 칠할 수 있는 #타일페인트는 경화제와 주제를 2:1로 섞어서 사용하는데, 섞은 페인트는 빨리 굳기 때문에 두세 시간 안에 사용하고 작업 후 며칠 동안 물이 튀지 않게 조심해야 한다. 창문이나 환풍구가 없어서 습도 관리가 전혀 안 되는 화장실에는 페인트칠을 권하지 않는다.

▲ Before　　　　▲ After

아트월 타일 페인트, Sage Green 컬러

▲ Before　　　　▲ After

벽지 페인트, Misty Rose 컬러

▲ Before　　　　▲ After

주방 타일 페인트, White 컬러

▲ Before　　　　▲ After

현관문 우드앤메탈 페인트, Jojoba 컬러

▲ Before　　　　　　　　　　　　　　　　▲ After

싱크대 타일(삼화 홈스타 타일페인트 플래티넘그레이), 문과 문틀(팬톤 우드앤메탈 페인트 17-5104 Ultimate Gray)은 그레이로 칠하고 방문 손잡이는 블랙으로 교체해서 전체적인 분위기를 바꿨다. 천장 몰딩(팬톤 우드앤메탈 White)도 화이트로 칠해서 벽과 천장의 경계를 없애 더 높고 넓은 느낌을 주었다.

▲ Before 　　　　　　　　　　　　　　　　▲ After

올드한 현관 타일에 블랙 코일 매트를 깔고 현관문과 싱크대 하부장을 같은 색(팬톤 우드앤메탈 Dark Ivy)으로 칠했다. 상부장(팬톤 우드앤메탈 페인트 11-0602 Snow White)과 주방 벽면 타일(팬톤 타일페인트 White)은 흰색으로 통일해 전체적으로 쾌적하고 깔끔하게 바꾸었다.

③ 접착 마감재

　뒷면의 이형지만 제거해서 스티커처럼 붙이는 접착 마감재는 종류가 다양하고 제거 후 스티커 제거제로 원상 복구를 할 수 있지만, 합지 벽지에 붙이면 제거할 때 찢어질 수 있다. 단열 기능이 있는 #폼블럭은 파벽돌, 웨인스코팅, 템바보드 등 입체적인 디자인이 많다. 가볍고 재단이 쉬워 작업하기 편하지만 가격이 저렴한 만큼 고급스러워 보이지는 않는다.

　우드로 만들어진 #템바보드는 가격대가 더 높은 만큼 퀄리티가 좋고, 주문할 때 필요한 높이로 재단 서비스를 추가할 수 있어 원하는 높이로 붙일 수 있다. 단, 실크 벽지 위에는 부착력이 약할 수 있어 실리콘 접착제 사용을 권장하는데 손으로 짜 쓰는 튜브형 실리콘으로도 충분히 잘 붙는다. 제거한 뒤에는 다시 도배하는 방법 외에는 원상 복구가 어렵지만 완성된 퀄리티가 높아서 집주인에게 사진을 보여주며 동의를 구해볼 만하다. 컬러 도장이나 우드무늬 시트지로 마감이 되어 있는 제품을 활용하거나, 마감 안 된 MDF 상태를 주문해서 원하는 컬러 페인트로 칠하는 방법도 있다. 벽의 하부에 보이는 잘린 단면에는 양면테이프가 붙은 마감 몰드를 부착해서 완성도를 높일 수 있다. 벽면에 콘센트가 있을 경우 위아래 조각을 나눠서 붙이는데 세로는 칼로 쉽게 잘리지만 가로는 실톱으로 잘라야 한다.

　바닥에 부착하는 것 외에도 화장실이나 주방 타일 벽에 붙이는 #데코타일도 있다. 열에 강한 소재로 만들어졌지만, 화기를 너무 가까이서 사용하면 그을음이 생길 수도 있으므로 불이 닿지 않는 간격이 확보될 때 활용한다.

　바닥과 벽을 이어주는 걸레받이(굽도리)나 몰딩에 붙일 수 있는 #접착식띠몰딩 #접착식걸레받이(접착식굽도리)는 5㎜부터 다양한 넓이가 있어서 벽이나 가구에 라인으로 포인트를 만들거나 폭이 좁은 면적에 인테리어 필름지 대신 활용하기 편하다. 굴곡진 형태에는 드라이기로 열을 가하면 모양대로 붙일 수 있다.

침대 프레임을 헤드리스(무헤드)로 하면 침대 하부 통행 폭을 더 넓게 확보할 수 있다. 이때 벽 하부에 템바보드를 부착하면 자리를 차지하지 않는 헤드보드가 된다.

▲ 템바보드를 실톱으로 잘라 콘센트 위아래에 나눠 붙이기

④ **가벽 파티션**

　#우드가벽 #철제가벽 #파티션으로 벽을 확장하거나 분리해서 공간 활용도를 높일 수 있다. 중문 없이 오픈된 현관에 가벽을 설치하면 사생활을 보호할 수 있어 안정감이 생기고, 생활 공간에서 신발이 보이지 않아 깔끔해진다. 설치한 가벽 덕분에 압축봉을 설치할 수 있어서 가리개 천으로 여닫을 수 있는 중문을 만들 수도 있다. 오픈된 주방에는 노출된 냉장고 측면이나 싱크대 측면에 설치하면 깔끔하다. 한 공간이 여러 기능을 겸할 때 가벽을 활용하면 깔끔하고 명확하게 공간이 분리된다. 침대 옆에 설치하면 아늑하고 편안한 느낌이 배가되고, 책장 옆에 배치하면 집중력을 높일 수 있으며, 미니 드레스룸도 만들 수 있다.

　시야를 완전히 차단하는 깔끔한 단면의 #무타공가벽이 있고, 균일한 #타공가벽, 패턴이 있는 #디자인타공가벽도 있다. 타공 가벽은 선반이나 수납함, 걸이 등 추가 액세서리를 구성할 수 있어 활용도가 높다. 또, 사이사이 여백이 보이는 #간살가벽(가로 분할, 격자, 세로 스트라이프)은 공간이 답답해 보이지 않게 한다. 반투명 #아쿠아가벽, 오픈된 #아치형가벽 #창문형가벽 등 감각적인 분위기를 연출할 수 있는 선택의 폭이 다양하다.

  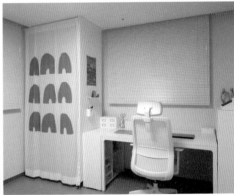

1. 부피가 큰 짐을 정리해 둔 랙 선반 측면에 가벽을 세워 압축봉과 가리개 천으로 여닫을 수 있는 문을 만들어서 깔끔하게 가렸다.
2. 책상 옆에 철제 가벽을 세워 스터디에 집중할 수 있는 환경을 조성하고, 가벽과 벽 사이에 사용 빈도가 낮은 건식 반신욕기를 두고 가리개 천으로 문을 만들었다. 커튼을 걷으면 아늑하게 반신욕을 즐길 수 있고, 평소에는 가려 서재 분위기를 해치지 않는다.

채광을 좋아해서 발코니 창을 바라보도록 책상을 배치하고 현관 영역만큼 가벽을 세웠다. 덕분에 현관문이 보이지 않고 일부는 막혀 있어서 집중하기 좋으며 창이 보여서 개방감도 있다. 타공 가벽에 선반, 고리, 수납함을 추가해서 사무용품을 정리했다.

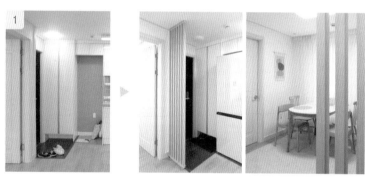

▲ Before   ▲ After

▲ Before   ▲ After

1. 현관에서 주방과 거실 전체가 한눈에 보여서 시야를 차단하고 안정감을 주기 위해 가벽을 활용했다. 스트라이프 간살 가벽으로 좁은 공간의 답답한 느낌을 최소화했다.
2. 신발장 옆을 따라서 냉장고가 튀어나와 있던 자리까지 가벽을 설치해 현관 벽을 길게 확장했다. 냉장고의 검은 측면을 가리니 입구가 더 밝고 안정적이다. 가벽 앞에 수납 전신 거울을 둬서 외출 전 확인하기 편하고, 타공 가벽이라 걸이를 추가해서 외출 시 챙기는 물건을 걸었다.
3. 블랙 냉장고 측면이 현관 통행로를 답답하게 만들지 않도록 화이트 가벽을 설치해 밝은 복도가 이어지도록 했다. 외출 시 챙기는 물건이나 아이의 칭찬 스티커, 알림장 등 중요한 것을 체크하는 보드로 활용한다.

▲ Before

▲ After

소파와 의자 간격이 좁아 통행이 불편했다. 식탁 배치를 90도 회전해서 벽에 붙이니 의자를 빼도 통행에 불편이 없고 소파 앞이 막히지 않아 개방감이 생겼다. 현관 가벽은 신발장과 같은 화이트 컬러의 타공, 스트라이프 가벽으로 답답함을 줄였다. 가벽 덕분에 현관에서 들어올 때도 안정감이 있고 거실과 현관이 분리되면서 훨씬 깔끔하고 아늑해졌다. 그 외 거실 분위기를 해치던 운동기구는 발코니에 홈 짐을 만들어 옮기고, 소파에 씌운 패브릭에 맞춰 커튼과 소품을 더해 무드를 완성했다.

▲ Before   ▲ After

방문을 제거하고 아치형 가벽과 가리개 천을 추가했다. 사진에 표시한 파손된 아트월은 무타공 가벽으로 깔끔하게 가려서 공간을 환하게 만들었다. 왼쪽 주방은 스트라이프 가벽으로 산만한 부분을 가리고, 침대 옆에는 스트라이프 가벽과 창문형 가벽을 설치해 공간을 답답하지 않게 분리했다.

리폼이라고 하면 흔히 소파 가죽을 교체하거나 커버를 씌우고, 가구에 페인트를 칠하는 정도를 떠올리겠지만 새로운 기능을 부여해서 새롭게 활용하는 것도 리폼에 포함된다. 전월세는 원상 복구에 대한 부분을 고려해야 해서 가능한 작업이 제한적이고, 거주 기간이 길지 않아서 비용 투자가 망설여지는 부분이 있다. 이럴 땐 소장품을 리폼하거나 다시 가져갈 수 있는 것을 교체하면 된다. 이사를 갈 때 원래 설치되어 있던 제품으로 다시 교체해 두고 내가 구매했던 건 다음 집으로 가져가서 활용할 수 있어 비용에 대해 아쉬워할 필요가 없다.

① 주방 싱크대 리폼

파손된 싱크대 문짝을 교체하는 건 집 옵션에 해당해서 대개 집주인과 상의하는 부분이지만 셀프로도 어렵지 않다. #싱크대문짝교체를 검색하면 경첩 홀까지 추가 가공해서 주문할 수 있는 곳을 쉽게 찾을 수 있다. 싱크대에 설치되어 있는 기존 문짝을 기준으로 사이즈를 측정해서 주문하면 된다. 다시 설치할 때 피스(나사) 구멍이 헐거워졌다면 이쑤시개나 나무젓가락으로 구멍을 채우고 피스 작업을 한다.

파손 문제가 없다면 사전에 동의를 구하고 페인트나 인테리어 필름지 작업으로 분위기를 바꿀 수 있다. 동의를 구하지 못한 경우 떼어낼 수 있는 피크 페인트로 작업하고 추후 원상 복구하면 된다. 상하부장을 밝은색으로 통일하면 주방이 넓어 보이고, 상하부장을 두 가지 컬러로 칠할 땐 하부장을 더 진한 색으로 칠하는 편이 안정감 있어 보인다. 작업하기 전에 문짝 상태를 먼저 체크하여 필름이 들뜨거나 깨진 부분은 미리 제거해서 보수하고, 표면에 이물질이 남지 않도록 샌딩 작업(사포질)을 하면 좋다.

주방은 불과 물을 사용하므로, 페인트칠을 한다면 내구성이 좋은 제품을 사용해야 한다. 이미 시트지가 붙어 있는 싱크대장의 경우 뜯어내고 스티커 제거제로 끈적임을 모두 제거한 후 작업하는 것이 가장 좋다. 하지만 이 과정이 힘들다면 시트지 위에 칠할 수 있는 페인트(대개 팬톤 우드앤메탈 제품)를 사용하면 된다. 싱크대 상하부장 문짝을 칠할 때는 보통 문을 분리해서 작업하고, 이때 문이 바닥에 붙지 않도록 주의해야 한다. 물론 편한 대로 문을 제거하지 않고 페인트를 칠해도 상관없다.

인테리어 필름지는 일반 시트지보다는 단가가 높지만 그만큼 더 두껍고 내구성이 좋으며 기포가 덜 생기는 편이라 작업하기 수월하다. 다양한 컬러, 질감, 패턴까지 선택할 수 있어서 원하는 분위기를 만들기 좋다. 필름지 시공 전 프라이머를 바르면 접착력과 유지력이 높아진다. 특히 모서리나 곡면에 프라이머를 신경 써서 발라주는데, 보통 물에 1:1 비율로 희석해서 사용하고(물에 희석해서 판매하는 수성 희석 프라이머는 바로 사용하면 된다) 완전히 건조된 후 필름지를 붙인다. 필름지를 붙이고 마무리할 때 드라이기로 열처리를 하면 부착력이 높아지며, 기포가 생긴 곳에는 칼보다는 실핀이나 바늘로 찔러 공기를 빼야 흔적 없이 깔끔해진다.

싱크대 손잡이를 교체할 땐 손잡이가 두 개의 구멍으로 설치되어 있었다면 구멍 사이의 간격에 맞는 제품을 찾는다. 교체하고 싶은 손잡이가 구멍 하나만 필요하다면 남는 구멍은 페인트나 인테리어 필름지 작업 전에 퍼티로 메꾸고 작업한다.

▲ 저광(에그쉘광) 페인트 Before

▲ 저광(에그쉘광) 페인트 After

▲ 인테리어 필름지 Before

▲ 인테리어 필름지 After

▲ Before

▲ After

주방 타일은 팬톤 타일 페인트 White로 칠하고, 싱크대 상부장은 팬톤 우드앤메탈 페인트 11-0602 Snow White, 하부장은 17-5912 Dark Ivy를 칠했다. 냉장고 앞 벽면에 주방 가전을 정리할 수납장을 배치했다. 월넛 프레임 사진 액자가 포인트가 되고 필요한 주방용품이나 선반, 소품도 우드로 통일했다. 주방 수납장과 컬러가 같은 거실장을 배치하고 싱크대와 커튼을 그린 컬러로 통일해서 무드를 완성했다.

② 가구 리폼

일반 가구도 페인트나 인테리어 필름지로 새 옷을 입힐 수 있다. 일반 가구는 인테리어 필름지보다 페인트칠이 작업하기 더 쉬운데 식탁, 테이블, 책상의 상판과 같이 매일 사용하면서 긁힐 수 있는 자리는 페인트칠보다 인테리어 필름지가 유지하기 쉽다. 좀 더 간편하게 #데스크매트 #테이블매트로 일부만 커버해도 되고, 가위로 재단할 수 있는 #가죽매트나 넉넉한 크기의 #패브릭보를 덮어도 된다. 오래된 소파에 #블랭킷(담요)을 덮어주거나 #소파커버를 씌워 분위기를 바꿀 수 있고 의자도 가죽 원단만 구입해서 좌방석을 리폼하거나 의자 커버로 활용할 수 있다. 원목 제품의 경우 페인트 대신 #우드스테인을 칠하면 원목 질감은 그대로 살리면서 컬러만 바꿀 수 있다. 파티션 역할을 하기 위해 노출되는 가구의 뒷면이 마감되어 있지 않을 경우 얇은 합판을 주문 제작해서 부착하거나 페인트, 인테리어 필름, 패브릭으로 마감하면 된다. 패브릭을 활용할 때 필요한 크기로 맞춤 제작할 수도 있지만 마음에 드는 다른 패브릭이나 갖고 있던 패브릭을 #열접착테이프로 붙여 셀프 수선할 수 있다. 패브릭을 필요한 크기로 자르고 끝단을 접어 그 사이에 열접착테이프를 넣고 다리미로 다리면 접착되는데, 하나의 패브릭을 잘라서 여러 곳에 활용할 때 유용하다.

▲ 소파 블랭킷   ▲ 대형 담요

▲ Before, 소파 블랭킷   ▲ After, 소파 블랭킷   ▲ 소파 커버

▲ Before   ▲ After

가구 재활용 및 가죽 원단 리폼

거실장 높이가 보편적인 의자 높이와 같고, 하중을 견딜 수 있는 구조여서 벤치로 재활용했다. 오래된 식탁 의자는 좌방석에 블랙 가죽 원단을 씌워 리폼했다.

◀ Before

이전 남성 거주자가 두고 간 그레이
톤 가구를 여성의 취향에 맞춰 화이
트&우드로 분위기를 바꿨다. 침대 프
레임에 우드 인테리어 필름지를 부착
하고, 수납장은 다리를 제거한 후 화
이트 페인트로 칠해서 TV를 올렸다.
침대 옆엔 협탁을 두고 옐로우 패브
릭으로 덮었다.

◀ After

▲Before

▲ After

▲ Before

▲ After

1. 붙박이 화장대에 우드 인테리어 필름지를 붙여
   집 전체 무드와 맞췄다.
2. 마감이 되어 있지 않은 신발장 뒷면을 화이트
   아크릴 물감으로 칠하고 신발장의 폭과 같은
   60cm 너비의 식탁으로 라인을 맞췄다. 현관을
   가리는 신발장 덕분에 식탁 자리가 아늑하게
   느껴지고, 오픈된 주방은 가리개 천으로 일부
   가려서 전체적으로 깔끔하고 포근해 보인다.

목재 합판은 다양한 아이디어로 활용하기 유용한 셀프 인테리어 재료다. #합판주문제작을 검색하면 다양한 종류와 두께로 원하는 목재를 주문할 수 있는 곳이 많다. 가구의 문을 교체할 수도 있고, 경첩을 함께 구매해서 오픈된 가구에 문을 만들어 줄 수도 있다. 필요한 크기의 가구나 선반을 직접 만들 수도 있고 기존 가구를 확장 또는 변형해서 활용도를 높일 수도 있다. 예를 들어 수납장 위에 더 넓은 합판을 부착하면 아일랜드 식탁 또는 책상이 되고, 가구와 싱크대를 이어서 일자로 확장하거나 ㄱ자, ㄷ자 싱크대를 만들어서 서브 조리대와 수납공간을 확보할 수 있다. 합판이나 목재를 고정할 때 넓은 면을 부착하는 경우 실리콘 접착제, 실리콘 테이프 등 쉽게 구할 수 있는 제품으로 충분하고, 꺾쇠와 나사를 사용해서 연결하거나 고정할 수 있다.

▲ Before　　　　　　　▲ After

침실 옆 작은 발코니는 난방이 되는 공간이지만 마감 없이 콘크리트가 노출된 영역이 있어서 짐을 쌓아두고 있었다. 그 자리에 알맞는 크기의 책장을 넣고 그 위에 주문 제작한 합판을 올려 수납이 가능한 벤치로 만들었다. 테이블과 방석, 쿠션을 더하니 티타임을 즐길 수 있는 휴식 공간이 되었다.

 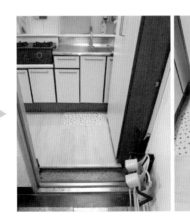

▲ Before　　　　　　　▲ After

싱크대 앞이 설거지할 때 현관으로 발이 떨어질 정도로 좁아서 현관을 주방 면적으로 만들었다. 현관 밖에서 신발을 갈아신을 것을 감안하고 발판과 합판으로 높이를 맞춘 후 전체 장판을 깔아 만들었다. 현관문에 신발 거치대를 부착해서 매번 신발장에 넣지도 않고도 편하게 사용할 수 있도록 했다.

▲ Before   ▲ After

밥솥 레일 수납장을 주방 벽이 끝나는 지점에 맞춰 배치해서 하부장을 사용할 수 있는 여백을 남겼고, 코너 영역을 더 편하게 사용하기 위해 하부장의 도어를 제거하고 패브릭으로 가렸다. 높이가 같은 싱크대와 레일 수납장 위에 맞춤 제작한 상판을 올려서 ㄱ자 주방을 만들었고 싱크대 위 코너 공간에는 추후 식기세척기를 두기로 했다. 주방 가까운 코너 영역에 알맞게 들어가는 주방 수납장을 추가해서 주방 가전을 수납하고, 상부에는 커피 머신, 캡슐 등을 두고 홈 카페 선반을 겸한다.

▲ Before

아일랜드 식탁 자체의 높낮이 차로 인해 음식을 차려두고 먹기 불편해서 식탁의 낮은 부분에 합판으로 만든 선반을 추가해서 전체 높이를 맞췄다. 이사 나갈 때 원상 복구가 가능하도록 식탁에 고정할 때는 실리콘 양면테이프로 고정했고 높이를 맞춰도 컬러가 다른 상태라 상판에 가죽 매트를 깔아서 하나의 식탁처럼 보이게 했다.

 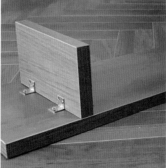 

▲ After

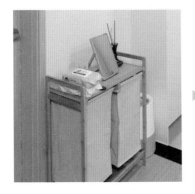  

▲ Before　　　　　▲ After

화장대를 놓을 자리가 없어 신발장과 화장실 문 사이 빨래 바구니가 있던 공간에 화장대를 만들었다. 조립식 틈새 선반을 빨래 바구니 양쪽에 두고 주문 제작한 상판을 고정해서 화장대 거울을 올렸다. 기초 스킨케어 화장품은 바구니에 담고, 그 외 뷰티용품은 트레이에 담아 빨래 바구니 선반과 틈새 선반에 정리하니 서서 사용하기 편한 오픈 화장대가 됐다.

▲ Before

▲ After

싱크대 옆 발코니에 있던 가로 60㎝ 레일 밥솥장에 80㎝ 상판을 주문 제작해서 올리고 주방에 있던 전자레인지와 에어프라이어를 정리했다. 덕분에 여유가 생겼고, 벽 선반에 위태롭게 놓였던 커피머신을 안정적으로 옮겨둘 수 있었다. 가구를 구입하지 않고 합판 하나를 추가했을 뿐인데 주방을 답답하게 만들던 요소가 줄어 공간이 넓고 쾌적해졌다. 추가로 높이가 낮아서 불편했던 인덕션 레인지는 인덕션 받침대(8만 원)를 주문 제작하는 대신 합판(3만 원)을 주문해서 비용을 크게 절감했다. 그리고 자리를 많이 차지하던 벽장문은 제거하고 압축봉과 가리개 천을 설치해서 가로로 여닫을 수 있게 했다.

③ 구성요소 교체

#방문손잡이나 #조명 #콘센트커버 #스위치커버 #욕실액세서리 등 집을 구성하고 있는 작은 요소들도 원하는 상품으로 교체할 수 있다. 기존에 설치되어 있던 건 잘 보관해 뒀다가 이사할 때 원상 복구하고 구입한 건 챙겨 가면 된다.

방문 손잡이가 녹이 슬거나 마음에 들지 않는다면 교체해 보자. 생각보다 쉽다. 눈에 보이는 나사만 풀면 문손잡이가 앞뒤로 분리되면서 쉽게 제거되고, 구매한 손잡이와 함께 온 설명서를 보고 앞뒤 방향만 잘 파악해서 끼우면 된다. 손잡이를 구매하기 전에 설치된 손잡이를 제거한 자리에 있는 구멍의 지름과 문 두께를 체크한 후 상품 상세 페이지에 있는 사용 가능한 규격 범위에 속하는지 확인한다.

그 외에도 사용하던 #가구손잡이들을 같은 제품으로 통일하면 여러 가구가 세트처럼 보이고, 손잡이가 없어서 불편한 곳에는 #부착형손잡이를 활용해 편의성을 높일 수 있다.

▲ Before, 방문 손잡이　　　　▲ After, 방문 손잡이

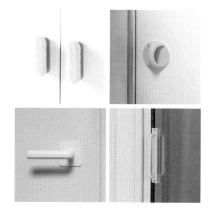

▲ Before, 상하부장 손잡이　　▲ After, 상하부장 손잡이　　▲ 신발장, 붙박이장, 중문, 발코니 문에
　　　　　　　　　　　　　　　　　　　　　　　　　　　　　부착형 손잡이 활용

조명, 콘센트 커버, 스위치 커버 교체는 두꺼비집을 내리고 작업해야 한다. 천장 조명의 경우 높이가 슬림하고 밝기가 밝을수록 공간이 더 높고 넓게 느껴진다. 보통 방 조명은 50W가 평균이지만 실제 방 크기에 따라 필요한 밝기가 달라서 교체하기 전에 판매처에 문의해 보는 것이 가장 정확하고, 상세 설명이나 비슷한 면적의 후기를 확인한다. 요즘은 밝기와 조명의 컬러를 원격으로 조절할 수 있는 스마트 천장 조명도 있다.

펜던트 조명은 천장 구멍이 교체할 조명보다 크면 설치가 힘들 수 있어서 확인이 필요하다. 조명을 교체하면서 노출되는 부분은 벽지를 잘라 붙이는 것 외에도 기존 조명의 후렌치를 활용하거나 더 큰 사이즈를 사서 달아도 된다. 또 펜던트 위치가 가구와 맞지 않을 땐 #전선홀더를 사용해서 위치를 옮기면 되는데, 천장 속이 비어있는 곳은 나사가 고정되지 못하고 빠지므로 앵커 볼트 또는 칼브럭을 활용한다. 전선 홀더를 구매할 때 부속품이 함께 오기 때문에 방법만 한번 확인해두면 누구나 할 수 있는 작업이다.

오래된 집은 콘센트나 스위치가 누렇게 변했거나 코드를 꽂았을 때 헐거운 경우도 있다. 콘센트 하자 문제는 집주인과 상의해서 수리(이때 1구를 2구로 바꿀 수도 있다)하는 것이 좋다.

가구를 배치했을 때 스위치 사용이 불편하다면 #스마트무선스위치로 대체하면 된다. 전등에 수신기만 연결하면 내가 원하는 자리에 부착해서 사용할 수 있는 무선 스위치가 만들어진다. 여러 조명을 스마트 스위치에 연결하고 현관이나 침대 옆에 두면 외출할 때나 잠들기 전에 편하게 집에 있는 모든 조명을 컨트롤할 수 있다.

▲ 스마트 무선 스위치

▲ Before

▲ After

1. 화장대가 방 조명 스위치를 가려서 무선 스위치를 화장대 옆에 부착했다.
2. 상부장 세트를 배치하기 위해 벽에 있던 인터폰은 수납장 위에 올리고, 가려지는 거실 조명 스위치는 무선 스위치로 대신했다. 거실 메인 조명은 우드 펜던트 조명으로 교체해 무드를 완성했다.

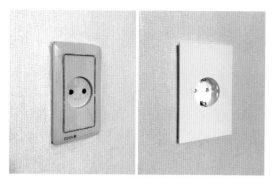

▲ 매립형 콘센트 커버 교체

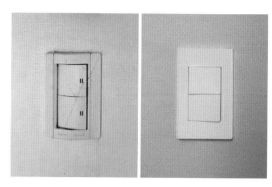

▲ 스위치 커버 교체

▲ Before

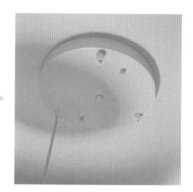

▲ After

▲ Before

▲ After

1. 설치되어 있던 사각형 후렌치를 떼어 냈더니 천장 벽지가 달라서 더 큰 원형 후렌치를 추가 구매해서 활용했다.
2. 교체할 펜던트 조명의 후렌치가 기존에 설치되어 있던 것보다 작아서 노출되는 콘크리트 부분에 벽지를 원형으로 잘라 붙였고, 전선 홀더로 펜던트 위치를 테이블 뒤쪽으로 맞춰 조정했다.

녹슬거나 파손된 수건걸이, 휴지걸이 등 욕실 액세서리도 밑에서 위쪽으로 툭툭 치면서 흔들다 보면 쉽게 빠진다. 추가 타공 없이 타일 벽에 설치된 부품에 새 제품을 위에서 아래로 끼워 넣으면 끝이다. 이때 #수건걸이는 양쪽으로 설치되어 있는 부품 사이의 간격을 확인하고, #휴지걸이는 부품의 가로세로 방향을 확인해서 호환되는 제품으로 구매하면 된다. 기존에 타공된 위치가 불편하다면 타공 없이도 #접착식휴지걸이 #접착식수건걸이나 실란트픽스로 부착하는 제품을 구입한다. 그 외 화장실에 있는 수전이나 샤워기도 셀프로 교체가 가능하다.

▲ 무타공 욕실 액세서리

우리 집 보수를 위한 준비물

셀프 인테리어가 아니더라도 기본 공구는 갖춰두면 종종 필요한 순간에 유용하게 쓸 수 있다. 가정용 보수 제품들은 마트나 종합 쇼핑몰, 다이소 등 주변에서 쉽게 구매할 수 있다.

• **기본 공구** : 조립 가구가 흔해지면서 전동 드라이버를 갖고 있는 집이 많아졌다(육각 렌치는 조립 가구를 구매하면 함께 준다). 다양한 드라이버 헤드와 렌치를 바꿔서 사용할 수 있는 제품이 있고, 펜치나 니퍼 등 다른 공구까지 들어 있는 세트도 있다. 망치나 니퍼 대신 펜치를 활용할 수 있기에 최소한 십자 드라이버, 일자 드라이버, 펜치 정도는 필요하다. 전동 드라이버는 V(볼트) 숫자가 높을수록 힘이 좋고 18V부터는 타일, 콘트리트 등 단단한 벽을 뚫기 위한 드릴 기능이 포함된다. 단, 힘이 좋을수록 크기가 커지고 무거워서 콘크리트 벽을 뚫는 게 아니라면 일반 가정에서는 10V 정도도 충분하다. 10V 이하의 핸디형 전동 드라이버는 아무래도 타공할 때 힘이 많이 쓰이는 편이고 미니 전동 드라이버는 가구 조립용 정도로 생각하면 된다.

- **실리콘** : 바닥이나 벽 틈새를 메꾸기 위한 틈새 보수용 실리콘, 싱크대나 화장실 곰팡이 방지를 위한 바이오 실리콘(에코씰), 접착을 위한 실리콘 등 사용 부위와 목적에 따라 종류가 다양하다. 백색, 투명 외에도 여러 컬러가 있다. 원래 붙어 있던 실리콘을 제거한 뒤 발라야 깔끔하다. 보통은 실리콘 건에 끼워서 사용하는데, 부분 보수를 위해 소량이 필요하다면 짜서 쓰는 튜브형으로 충분하다.

- **타일 줄눈 보수제** : 물을 사용하는 주방이나 욕실, 발코니 등에 보이는 찌든 때나 곰팡이를 말끔히 처리하고, 균열을 메꿀 수 있다. 가정용으로 튜브형이나 마커펜 타입 제품들이 있다.

- **퍼티(크랙필러)** : 못 자국이나 벽면, 마루, 가구의 벌어진 틈새와 흠집, 구멍에 채우고 평평하게 만들어 경화시키는 보수제다. 기본 화이트 컬러 외에도 우드 퍼티, 우드 필러 등 다양한 컬러가 있어서 마루나 원목 가구에 활용할 수 있다. 알맞은 컬러가 없다면 2~3가지 색상으로 직접 조색해서 사용하면 된다. 퍼티, 필러로 채운 자리는 그 위에 페인트칠이나 인테리어 필름 작업이 가능하지만, 칠을 통해서 채우는 우드 스틱, 우드 픽스는 페인트칠이 불가능하다.

  퍼티 대신 마루 흠집을 커버하는 마루 커버 시트, 가구의 피스 자국이나 흠집을 커버하는 가구 스티커(못 스티커)는 경화 시간이 필요 없다.

전동 드라이버 (18V, 미니 핸디형)　　튜브형 홈 실리콘　　타일 줄눈 보수제

크랙필러　　우드 필러　　우드 스틱　　마루 커버 시트　　가구 스티커

다른 집 변화 구경하기

"환하고 따뜻하게 변한 집"

#실평수 5.5평 빌라 #주방 일체형 원룸 #1인 자취 #비용 100만 원

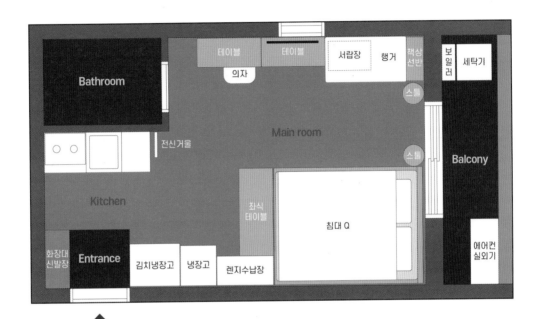

1 Client's Needs

- 사용하던 가구 활용 + 침대, 책상 교체
- 화이트 & 내추럴우드로 밝고 따뜻한 분위기
- 주방 싱크대 및 타일, 천장 몰딩, 문틀 페인트칠
- 다용도로 공간 활용

Kitchen

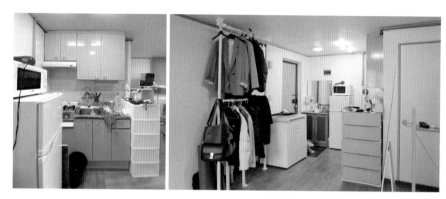

▲ Before

▲ After

옥색 주방 싱크대의 상하부장은 팬톤 우드앤메탈 Snow White, 주방 타일은 팬톤 타일 페인트 White로 칠해서 환하고 깔끔한 느낌으로 바꿨다. 신발장 옆에 있던 냉장고와 전자레인지 때문에 입구부터 답답해 보이고 공간이 좁아서 김치냉장고 옆으로 옮겼다. 전자레인지를 넣을 화이트 주방 수납장을 놓아서 김치냉장고부터 냉장고, 주방 수납장까지 일렬로 배치했다. 김치냉장고는 높이가 낮아 주방이 답답해 보이지 않고, 조리 공간이 좁은 싱크대 대신 서브 조리대로 활용할 수 있다. 원래 냉장고가 있던 자리에는 분리수거함과 쓰레기통만 둬서 주방을 넓고 편하게 활용하게 했다.

드라이기를 방에서 사용하면 머리카락이 많이 날리고, 창문이 없는 화장실은 습하고 더워서 현관 신발장 위를 화장대로 활용하고 있었다. 여기에 바구니와 정리함을 추가해서 더 깔끔하고 편하게 정리할 수 있게 했다.

Main room

▲ Before

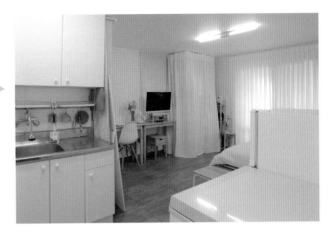

▲ After

▲ Before

▲ After

　　김치냉장고 옆에 있던 행거를 안쪽으로 옮기고, 싱크대 옆에 툭 튀어나와 있던 플라스틱 서랍을 행거 안에 넣었다. 서랍이 있던 자리에 전신 거울을 벽 라인과 맞게 놓고, 싱크대 측면은 폭을 맞춘 패브릭으로 식기 건조대를 가려 시야가 깔끔해졌다. 침대 발 아래에 있는 주방 수납장이 침대에서 현관이 보이지 않도록 시야를 차단하고, 위에 화분이나 소품을 추가하면 더욱 안정적으로 분리된다. 화장실 문에 포스터를 부착하면 싱크대보다 포스터에 눈길이 가 힐링 포인트가 된다. 하늘색 화장실 문틀과 회색 천장 몰딩도 화이트 페인트로 통일해서 칠해 공간 전체가 더 넓고 환한 느낌이 됐다.

▲ Before

▲ After

　원룸에 LK 사이즈 침대를 놓았지만 우드 간살 헤드가 답답한 느낌을 줄여 준다. 침대 옆에는 협탁 대신 바 스툴을 배치해 예산을 아낄 수 있었다. 집에서는 휴식에 초점을 맞추고, 가끔씩만 노트북을 사용하므로 책상 대신 폭이 좁은 콘솔 테이블을 2개 나란히 배치해서 화장실 문을 활짝 열 수 있다. 콘솔 테이블은 가벼워서 침대 사이드 테이블로 사용하거나 T자형, 정사각형 등 다양한 형태로 배치할 수 있고, 수납 스툴과 화분을 받치고 있는 스툴을 의자로 활용해서 여럿이 앉을 수도 있다. 핑크색 블라인드는 밝은 패브릭으로 교체했다.

190

다른 집 변화 구경하기

"방 하나를 분리해서 활용하는 집"

#실평수 12평 빌라 #주방 분리형 원룸 #1인 자취 #비용 270만 원

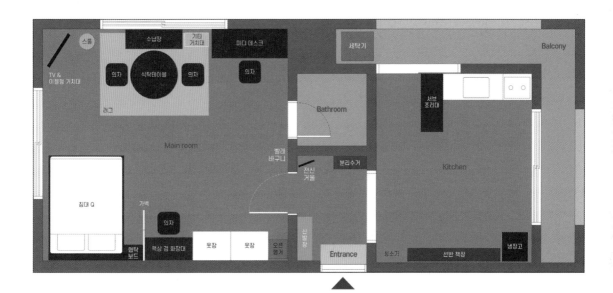

1 Client's Needs

- 사용하던 가구 활용 + 일부 추가 구입
- 연식이 느껴지는 베이스 커버
- 짙은 우드 & 화이트 & 그레이 컬러 선호
- TV를 보며 식사할 수 있는 생활
- 이불을 펼칠 수 있는 여유 공간 필요

2 Home styling

Entrance

▲ Before　　　　　▲ After

　현관 정면에 뒀던 전신 거울은 현관문과 바로 마주 보지 않도록 측면으로 옮겨서 대각선으로 배치했다. 그 옆에 분리수거함을 두어 주방과 메인룸 두 곳에서 모두 사용할 수 있게 했고 들고 다니는 기타 자리도 마련했다. 현관 신발장 위에 마스크나 장갑, 핫팩 등 외출 시 챙기는 것들이 쌓여 있어서 갖고 있던 리빙 박스를 올려두고 담을 수 있게 했다.

Main room

▲ Before

방 하나가 7.5평 정도로 넓고, 기숙사 생활을 하다가 독립하면서 최소한의 짐만 있는 상태였다.

▲ After

　방문과 화장실 문 사이에 빨래 바구니를 두고, 방문 뒤에 옷장을 두어 드레스룸 영역을 만들었다. 옷장과 벽 사이에는 여백을 남겨서 옷이나 가방을 거치할 오픈 행거 옷장을 눈에 띄지 않게 뒀다. 옷장 옆에 기존에 있던 작은 책상을 놓고 가벽을 설치해서 아늑하게 분리되는 화장대 영역을 만들었다. 책상의 블랙 프레임에 맞춰 수납용 트레이와 원형 벽거울을 블랙으로 통일했다. 기존에 있던 등받이 문양이 촌스러운 의자는 패브릭 커버를 씌워서 화장대 의자로 사용했다.

　가벽 덕분에 침대에서 방문이 보이지 않고 옷장, 화장대 영역과 분리돼서 안정감이 생겼다. 짙은 우드와 그레이 컬러가 조합된 수납형 침대에 조명과 협탁 선반이 딸린 사이드 보드를 세트로 구매했다. 침대와 잘 어울리는 진한 그린 컬러 암막 커튼을 설치해서 넓은 방에 아늑한 느낌을 더했다.

에어컨과 TV가 있는 큰방에서 식사하길 원해서 또 다른 창문 앞에는 원형 식탁 테이블을 두고 러그를 깔아 다이닝 영역을 분리했다. TV는 침대 하부 코너에 두고 방향을 바꿔서 침대나 식탁에서 볼 수 있도록 스탠드 거치대로 교체했고, 기존에 TV를 올려뒀던 거실장이 일반 식탁 의자 높이(45㎝)라서 식탁 옆에 두어 수납 가능한 벤치 의자로 활용했다. 갖고 있는 의자가 있어서 식탁 의자는 하나만 구입해 바로 옆의 미디 데스크에서도 사용하기로 했다. 건반을 둘 수 있는 미디 데스크에 악보를 정리할 우드 책꽂이를 뒀고 악기, 기타 기치대, 앰프 등 음악 작업을 위한 장비와 촬영 장비들, 소품까지 블랙과 짙은 우드로 맞췄다. 창문은 촬영의 배경이 될 수 있도록 그린 계열의 체크 커튼을 설치했고, 미디 데스크 앞 벽면은 답답함을 줄이고 공간의 밸런스를 잡아주는 요소로 창밖으로 자연이 보이는 사진 액자를 걸었다. 외국인 유학생이라 가족이 한국에 오면 며칠씩 머물다 가기에 이불을 펴고 잘 수 있도록 가구는 벽을 따라 배치하고 중앙을 비워 두었다.

Kitchen

▲ Before

▲ After

　싱크대 하부장이 튀어나와 애매해 보이는 발코니 문 한쪽을 패브릭으로 가려 벽처럼 만들고 싱크대와 높이가 같은 아일랜드 홈바 수납장을 ㄱ자로 배치해서 싱크대 영역을 확장했다. 주방 가전을 두기 좋은 오픈 선반으로 뒷면과 측면은 가려져 깔끔한 서브 조리대가 된다. 빨래를 건조하는 발코니는 갖고 있던 커튼과 압축봉을 설치해서 가리고 평소에는 묶어 두어 개방감이 들도록 했다. 냉장고 옆에는 음료, 식품 등을 편의점처럼 진열하기를 희망해서 저렴한 오픈 책장을 높지 않게 뒀다.

다른 집 변화 구경하기

"새 옷을 입은 옥탑방"

#실평수 10평 옥탑 #거실 없는 투룸 #1인 자취 #비용 160만 원

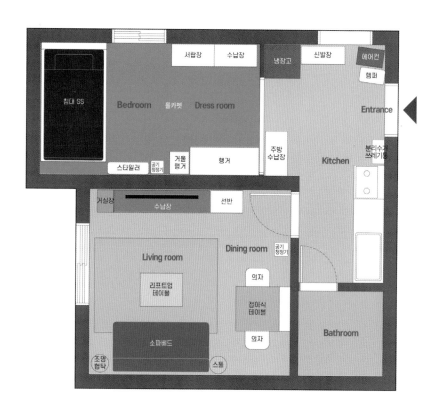

1 Client's Needs

• 사용하던 가구 활용 + 일부 추가 구입
• 전체적인 옥탑방 분위기 개선
• 지인을 초대해 함께 즐길 수 있는 집
• 주방 타일 페인트 및 접착식 타일 작업
• 찍힌 자국이 많은 장판 롤카펫 작업

2 Home styling

Entrance

▲ Before

▲ After

　현관문을 열면 삭막한 느낌을 주던 미닫이 철문의 한쪽은 주방 가전과 식품을 수납하는 높은 가구로 가렸고, 남은 부분은 가리개 천으로 가려서 첫인상을 개선했다. 미닫이문을 열고 가리개 천을 문 대신 사용해도 되고, 겨울엔 2중으로 닫아 바람이 많이 들어오는 옥탑의 단점을 보완할 수 있게 했다. 현관이 따로 없어서 문을 여닫으려면 신발을 옆에 벗어두고 맨바닥을 딛고 들어와야 하는 불편함이 있어 발판을 추가했다. 세탁실이 실외에 있어서 빨래 바구니는 현관 입구에 뒀다.

Kitchen

▲ Before

▲ After

▲ Before

▲ After

　신발장을 둘 현관이 없어서 냉장고와 에어컨 사이에 주방 수납장과 높이가 같은 신발장을 배치해 밸런스를 맞췄다. 신발과 생필품을 수납하고, 오픈 선반에는 외출 시 챙기는 것들을 두면 편하다. 촌스러운 하늘색 에어컨 앞면은 그레이 컬러 패브릭으로 가리면서 전체적으로 화이트와 그레이가 반복되도록 했다. 주방에는 마음에 들지 않는 시트지가 붙어 있었는데 싱크대 상부장의 높이가 달라지는 부분까지 라인을 맞춰서 화이트&블랙 그리드의 접착식 타일을 붙여 깔끔하게 만들었다. 남은 타일 영역과 이어지는 벽면까지 삼화 홈스타 타일 페인트 플래티넘 그레이로 칠해서 폼블럭과 화장실 철문이 너무 튀지 않게 보완했다.

Bedroom & Dress room

▲ Before

▲ After

▲ Before

▲ After

    큰방에 있던 침대와 커튼 행거를 작은방으로 옮겨서 아늑한 개인 공간으로 바꿨다. 장판에 찍힌 자국이 많고 바닥이 고르지 않아서 침대를 배치하고 차분한 그레이 컬러 롤카펫을 깔았다. 커튼 행거 옆에 행거형 전신 거울을 놓고, 반대쪽에는 화장대 겸 패션잡화를 정리할 수납장을 배치해 드레스룸 공간을 명확히 분리했다. 입구부터 11자로 깔끔하게 떨어지는 배치와 짙은 그레이 컬러 침구, 패브릭 포스터로 시선을 안쪽으로 끌어당기는 원근감을 만들어서 공간이 더 넓고 안정감 있어 보인다.

Living room & Dining room

▲ Before

▲ After

　작은방에 있던 TV와 식탁을 큰방으로 옮겨서 넓은 공간에서 지인들과 시간을 보낼 수 있게 했다. 손님용 침대로 쓸 소파 베드는 그레이 컬러로 교체해 통일감을 주었고, 소파 앞에는 리프트업 테이블을 둬서 노트북, 게임기 등을 사용하고 수납할 수 있도록 하였다. 바닥에 찍힌 자국이 있어 바닥과 비슷한 컬러의 러그를 깔아 가렸다.

　TV 크기와 비슷해서 불안해 보였던 오픈 선반은 다리를 제거하고 세로로 세워서 운동용품을 수납했고, TV를 받칠 거실장은 좀 더 안정적인 크기로 구매해서 취미, 놀이, 생활용품을 보관했다. 주방에 전자레인지를 놓았던 선반도 버리지 않고 거실장 옆에 배치해 수조를 뒀고 피규어나 소품 등 취미용품을 진열했다.

　소파 옆 여백에 둔 확장형 테이블은 공간이 넉넉해서 한쪽을 펼쳐두고 지낼 수 있어 편리하다. 여기서 식사를 하거나 노트북을 쓰면서 TV와 수조를 볼 수 있다. 손님이 왔을 때는 테이블 방향을 바꿔 양쪽을 펼치고, 소파 옆에 둔 스툴과 창고의 의자를 가져오면 여럿이 둘러앉을 수 있다.

다른 집 변화 구경하기

"재배치로 생활이 바뀐 집"

#실평수 15평 아파트 #투룸 #2인 신혼 #비용 50만 원

1 Client's Needs

- 사용하던 가구 활용 + 식탁 구매
- 수납과 조리 공간이 부족한 주방
- 거실을 차지한 미용 베드 배치 해결
- 전체적인 분위기 및 생활 환경 개선

Kitchen

▲ Before

수납공간과 소형 가전을 둘 자리가 부족해서 싱크대 위에 조리할 공간이 없는 상태였다.

▲ After

　위치를 바꿀 수 없는 식기세척기, 정수기를 제외하고 싱크대 위를 비워야 했다. 작은방에서 가져온 조립식 오픈 선반을 2단으로 2개 만들어서 케이블타이로 고정해 중문을 열 때 생기는 데드 스페이스에 배치했다. 선반에는 주방 가전과 조미료, 식품, 간식을 정리해 넣고, 뒷면과 측면은 벨크로 가리개 천으로 가려서 주방이 깔끔해졌다. 이 선반은 택배를 뜯거나 장바구니를 정리할 때도 유용한 서브 테이블이 된다. 네이비 컬러 중문 옆 방문에는 갖고 있던 블루 포인트 가리개 커튼을 설치하고, 마찬가지로 네이비 컬러 시계를 함께 매치했다.

Work room

▲ Before

컴퓨터 책상과 여러 종류의 짐이 있어서 산만했다. 특히 책상에 앉았을 때 뒤쪽 통행 폭이 좁아서 답답하고 게임 장비를 사용할 수 없어서 방을 잘 활용하지 않았다.

▲ After

　방에 있던 옷과 화장품을 침실로 옮기면서 쓰임이 없어진 시스템 행거 2개는 발코니에 두고 짐 정리에 활용했다. 수납 전신 거울과 서랍장은 침실에, 오픈 선반은 주방에 활용하면서 미용 베드를 방에 둘 수 있게 됐고 책상 방향을 바꿔서 게임 장비를 펼칠 수 있는 여유 공간이 생겼다. 헤드셋은 꼭꼬핀으로 벽에 걸어 두었고 집에 있던 선반으로 남는 여백만큼 책상의 가로를 확장했다. 갖고 있던 철제 서랍에는 데스크 용품들을 정리해서 책상 하부에 뒀다. 침실에 있던 책장을 가져와서 가로로 눕혀 책, 서류 등을 꽂고 주방에 있던 트롤리를 가져와 미용 재료를 수납했다. 블랙 프레임 액자로 책상 위의 모니터, 본체와 밸런스를 맞췄고 복도 쪽 창문은 블라인드를 설치해서 오픈하지 않아도 환기할 수 있다. 스타일러는 방문과 가까운 위치를 유지했고, 방문에 가리개 커튼을 달아 시야가 차단되면서도 통행이 편하고 개방감이 생겼다.

Living room

▲ Before

▲ After

▲ Before

▲ After

　스타일링 전에는 거실에 길이가 긴 실습용 미용 베드가 있어서 통행로가 좁았고 실습 재료가 거실을 어수선하게 만들었다. 소파 베드와 미용 재료를 작은방으로 옮기고 그 자리에 식탁 테이블을 놓았다. 옆에 책장을 배치해 홈 카페 용품과 노트북 등 사용한 것을 바로 정리할 수 있도록 했다.

　창을 등지고 있던 소파는 방향을 돌려서 TV와 창밖 뷰를 편하게 즐길 수 있게 됐다. TV 거치대에 있던 장식품도 책장으로 옮겨서 산만함을 줄였고 좋아하는 블랙 컬러의 티슈 케이스와 액자, 쿠션 등을 활용해서 밸런스를 맞췄다.

Bedroom

▲ Before

▲ After

일찍 출근하는 남편의 출근 준비를 위한 옷과 스킨케어 화장품은 침실 바로 앞이자 화장실 옆 붙박이장에 정리했다. 침대는 왼쪽 벽으로 붙여 통행로를 넓혔고, 침대 헤드에 바디 필로우를 헤드 쿠션으로 놓아 안정감을 더했다. 협탁 대신 둔 스툴에는 갖고 있던 패브릭을 씌워 멀티탭을 가리고 가습기를 올렸다. 책장은 작은방으로 옮기고 수납 전신 거울은 침실로 가져와 화장대로 활용했다. 슬라이딩 옷장을 사용하기에 불편하지 않을 정도로 간격을 주고 여백엔 청소기를 배치했다. 옷장 내부에 여유가 많아서 작은방에 있던 옷과 서랍장까지 안에 넣어 정리했다.

다른 집 변화 구경하기

"깔끔하고 조화로운 집"

#실평수 17평 아파트 #투룸 #2인 신혼&다람쥐 #비용 250만 원

1 Client's Needs

- 사용하던 가구 활용 + 주방 수납 가구 구매
- 싱크대 하부장 인테리어 필름지
- 반려동물(다람쥐) 케이지 다수
- 전체적인 분위기 및 생활 환경 개선

2 Home styling

Kitchen

▲ Before

▲ After

　주방은 넓은 공간에 비해 가구를 배치할 위치가 애매해서 실내에서 신발장이 보이는 면적을 벽으로 생각하고 주방 수납장을 배치했다. 이때 타공 가벽과 스트라이프 가벽으로 통로를 답답하지 않게 만들었다. 주방 가전 수납을 해결해서 싱크대 위를 깔끔하게 확보하면서 사용하기 편한 11자 주방을 만들고, 싱크대 하부장은 식기세척기와 비슷한 컬러의 인테리어 필름지로 환하게 바꿨다. 추가한 수납장 위에 커피 머신과 캡슐을 두고 타공 가벽에는 걸이와 선반을 활용해서 컵이나 티코스터, 소품을 두어 홈 카페 공간으로 활용할 수 있게 했다. 오픈되어 있던 세탁기는 가리개 천으로 가렸고, 가벽으로 히든 공간을 만들어서 눈에 띄지 않지만 주방에서 편하게 사용할 수 있게 분리수거함을 뒀다. 거실에서 보이는 냉장고 측면도 스트라이프 가벽으로 답답하지 않게 가려서 소파 측면이 더 밝고 아늑해졌다.

Living room & Dining room & Balcony

▲ Before

▲ After

　기존에 있던 블라인드에 시폰 커튼을 추가해서 포근한 느낌을 더했다. 식사하며 TV를 볼 수 있도록 다이닝 테이블과 소파를 나란히 배치한 것은 유지하고, 평소에 잘 사용하지 않는 벤치 의자는 힐링룸으로 치웠다. 손님이 오면 리빙 테이블을 소파 앞으로 가져와서 둘러앉을 수 있다. 물건이 쌓이던 사이드 테이블은 힐링룸으로 옮기고 수납형 협탁을 추가해서 지류, 문구류, 노트북, 충전기 등을 테이블에서 사용하고 바로 정리할 수 있게 했다.

　발코니는 슬리퍼 없이 사용할 수 있도록 조립식 데크 타일을 깔았다. 랙 선반도 설치해서 여분의 생활용품이나 데스크 용품을 정리할 수 있다. 이때 랙 선반은 침실 창문으로 보이지 않게 침대보다 높이를 낮게 했다.

Bedroom

▲ Before

▲ After

붙박이장과 방 전체가 화이트 컬러여서 원목 침대가 조화롭지 못하고 눈에 띄었다. 따라서 원목 컬러와 잘 어우러질 수 있도록 블라인드를 따뜻한 색감의 암막 커튼으로 교체했다. 침실과 화장실 앞 데드스페이스에는 통행에 방해되지 않도록 틈새 슬라이딩 수납장을 두고 벽에 거울과 조명을 설치해 화장대 영역을 만들었다. 틈새 수납장 왼쪽 코너에는 여백을 띄우고 고데기 거치대를 부착 해서 깔끔하게 정리할 수 있다.

Healing room

▲ Before

▲ After

　스타일링 전에는 방문을 마주 보고 높게 쌓인 케이지가 답답해 보였고, 안마 의자를 편하게 사용하기엔 어수선한 감이 있었다. 벽 수납공간을 활용하기 위해 방문을 제거하고 가리개 천으로 여닫을 수 있게 했다. 벽 수납공간에는 다람쥐 케어용품을 수납하고 가리개 천으로 깔끔하게 가렸다. 높이가 있는 다람쥐 케이지는 방 입구의 사각지대인 방문이 있는 벽으로 옮기고 5단 책장을 맞은편에 배치했다. 하부 도어장에는 추억을 수납하고 오픈 선반에는 추억을 진열한다. 거실에 있던 사이드 테이블을 가져와 안마 의자와 함께 사용할 수 있고, 케이지 옆에 벤치 의자를 두어 보다 편하게 다람쥐를 돌볼 수 있게 했다.

다른 집 변화 구경하기

"생활 패턴에 맞춰 취향을 담은 집"

#실평수 15평 빌라 #쓰리룸 #2인 신혼&반려견 #비용 120만 원

1 Client's Needs

- 사용하던 가구 활용 + 수납공간 확보
- 바닥 타일 카펫 & 몰딩 페인트 작업
- 전체적인 분위기 및 생활 환경 개선

Entrance

▲ Before

After ▶

하늘색 몰딩은 화이트 페인트로 칠하고 촌스러운 장판엔 타일 카펫을 깔았다. 신발장을 파티션 처럼 배치하고 높이가 같은 랙 선반을 ㄱ자로 추가했다. 선반은 소품들로 장식하고 하부에는 분리 수거함을 두고 가리개 천으로 깔끔하게 가렸다. 현관엔 코일매트를 깔고 조명을 교체했으며 우드 보드로 두꺼비집을 가리면서 뷰포인트 영역으로 꾸몄다.

Living room

◀ Before

거실에 테이블이 2개 있었고, 이사하면서 타일 카펫을 깔아 둔 상태였다.

▲ After

거실에 TV가 없어서 작은방에 있는 컴퓨터 책상에서 좁고 불편하게 식사를 했었다. 컴퓨터 책상을 거실로 옮기고 식탁 하나를 같은 방향으로 배치해 식탁에서 식사하며 컴퓨터를 볼 수 있게 했다. 식탁 의자는 2개만 추가 구입해서 한쪽으로 뒀고, 손님이 오면 벤치 의자를 돌려서 식탁을 함께 사용할 수 있다. 책상 옆으로 가벽을 설치해서 컴퓨터 책상의 측면을 깔끔하게 가리고 안정감을 더했다. 촌스러운 에어컨 전면도 짙은 그린 컬러 패브릭으로 가렸다.

Work room & Balcony

▲ Before, 발코니   ▲ After, 발코니   ▲ Before, 작업실

▲ After, 작업실

　주방에 있던 화이트 책장과 거실에 있던 화이트 테이블&의자를 가져와서 작은 서재로 만들었다. 추가한 수납장도 화이트로 맞춰 배치했다. 벽을 따라 가구를 배치하고 남은 공간엔 청소기를 두었다. 천장 몰딩은 화이트 페인트로 칠해서 공간이 더 넓고 깨끗해 보이게 했고, 발코니 문은 기존에 있던 가리개 커튼을 믹스매치했다. 주방에 있던 전자레인지장과 선반을 발코니에 쌓아 올려서 바닥에 늘어놨던 짐을 정리했다.

Kitchen

▲ Before

주방은 밝은 컬러의 데코타일을 깔아 거실과 분리하고, 오픈 책장으로 냉장고 측면을 가려둔 상태였다.

▲ After

오픈 책장은 작은방으로 옮기고 냉장고를 반대쪽으로 이동시켰다. 크기나 컬러가 제각각인 가구와 선반은 발코니로 치우고 주방 벽을 따라 수납장을 추가해 가전을 수납하고 홈 카페를 즐길 수 있게 했다.

Dress room

▲ Before

▲ After

주방과 같은 데코타일을 깔고, ㄱ자로 배치되어 있던 블랙 프레임 시스템 행거는 그대로 유지했다. 입구를 좁고 답답해 보이게 하는 화이트 시스템 행거는 서랍장과 위치를 바꿨더니 시야가 트여 드레스 룸이 조금 더 넓어 보인다. 서랍장 위에 기존에 있던 시계를 걸고, 빈 벽에는 전신 거울을 거치했다.

Bedroom

▲ Before

▲ After

이사하면서 거실과 같은 타일 카펫을 깔았고 반려견과 함께 지내서 저상형 침대를 사용하고 있었다. 침대 매트리스에 화이트 헤드보드를 추가해서 안정감을 더하고 선반을 활용할 수 있게 했다. 화장대 거울을 겸하던 전신 거울은 현관으로 옮기고 침대 머리맡에 있던 블랙 선반을 수납장 옆에 일렬로 배치했다. 수납장과 톤이 비슷한 라탄 바구니를 추가해서 헤어 및 뷰티용품을 깔끔하게 정리하고 여기에 탁상 거울을 추가해 화장대로 활용한다.

다른 집 변화 구경하기

"온전히 나를 위한 힐링의 집"

#실평수 21평 오피스텔 #쓰리룸 #1인 자취 #비용 350만 원

1 Client's Needs

• 사용하던 가구 활용 + 일부 추가 구입

• 침실 한 곳에서 거의 원룸처럼 지내는 생활 개선

• 효율적인 공간 활용 및 분위기 개선

• 주방 타일 페인트, 파손된 거실 바닥 카펫으로 보완

• 고양이 통행을 위해 화장실 문을 제외한 방문 제거

Kichen

▲ Before

▲ After

　짙은 색 격자무늬의 주방 타일은 화이트 페인트칠을 하고, 아일랜드 식탁 위의 산만했던 어항은 새로 만든 힐링룸으로 옮겨서 한층 깔끔하게 정돈된 밝은 주방이 됐다.

　현관 앞에 있던 오븐레인지를 아일랜드 식탁으로 옮겨서 사용하기 편하게 하고, 측면에는 답답해 보이지 않는 가벽을 세워 거실에서 주방이 직접적으로 보이지 않도록 했다. 식기세척기도 눈에 띄지 않는 오른쪽 코너로 옮겨서 싱크대 영역이 더 넓어 보인다. 현관 앞에는 냉장고와 비슷한 디자인으로 고른 주방 수납장을 가로 벽 길이와 같게 놓아 홈 카페 존을 만들었다.

Bedroom

▲ Before

▲ After

평소 침대가 있는 방에만 머무르고 거실은 잘 사용하지 않았다. 집에서 가장 넓은 공간을 가장 많이 활용하고자 침대를 거실로 옮겼다. 개방감을 줄이고 아늑함을 늘리기 위해 거실 벽이 끝나는 부분에 스트라이프 가벽과 창문형 가벽을 세웠다. 침대 양옆으로는 기존에 있던 서랍장과 선반을 배치해서 주로 사용하는 물건을 수납할 수 있게 했다.

거실에 있던 책장은 처분하고 도어가 있는 수납장을 놓아 고양이 용품을 깔끔하게 정리했다. 수납장은 위에 물건이 쌓이지 않도록 높은 제품을 선택했고 벽난로 타입을 추가해서 포인트를 줬다. 아트월 하부는 수납장으로 가리고 왼쪽 일부는 무타공 가벽으로 가렸다. 작업실 입구에는 아치형 가벽을 설치하고 그 옆으로 스트라이프 가벽을 이어 주방 가전이 보이지 않도록 가렸다. 공간의 깊이와 안정감을 위해 창가의 전동레일에 짙은 암막 커튼을 설치했다.

기존의 거실과 주방은 차가운 느낌의 타일 바닥이었다. 고양이에게 미끄럽기도 하고 파손된 부분도 있어서 러그를 여러 겹 깔아둔 상태였다. 그래서 큰 가구를 배치한 면적을 제외하고 롤카펫 하나로 전체를 덮었더니 더 깔끔하고 따뜻한 느낌이 나게 되었다.

▲ Before, 주방에서 거실

▲ After, 주방에서 거실

▲ Before, 거실에서 주방

▲ After, 거실에서 주방

Dining room & Healing room

▲ Before

▲ After

　집 분위기와 어울리지 않던 월넛 확장형 식탁이 안마 의자와는 제법 어울려서 함께 놓았다. 같은 월넛 컬러의 의자를 추가하고, 전체적으로 잘 어우러지도록 노란 벽을 커튼으로 가렸다. 속 커튼은 레일에, 암막 커튼은 커튼봉에 이중으로 설치해서 빔 프로젝터를 활용할 때는 빛을 차단할 수 있다. 패브릭 포스터로 벽의 타공 자국과 파손이 심한 곳을 가리고, 가리개 천으로 사용하지 않는 화장실 문을 가렸다. 모형 식물은 라탄 바구니에 담고 식탁 위에 단 스탠드 조명을 추가해 통일된 무드를 완성했다. 빔 스크린 아래에 전선 홀이 있는 낮은 수납장을 추가해서 어항을 두고, 어항에 필요한 용품을 수납하면서 멀티탭과 전선까지 깔끔하게 넣었다. 많은 인원을 수용할 수 있는 다이닝룸이자 안마 의자에 앉아 영화를 감상하거나 어항을 보며 힐링할 수 있는 방이 되었다.

Dress room

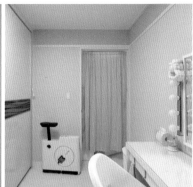

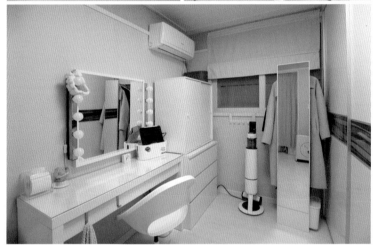

 Before ▲ After

옷방으로 가는 통행로에 현관 앞에 있던 수납장 2개를 가져와서 사료 및 고양이 용품을 수납할 수 있게 했다. 수납장 근처에 자동 급식기를 두어서 편하게 사료를 줄 수 있다.

전에는 입었던 옷이나 홈웨어를 방문 뒤에 걸어두고 있었고, 가구로 인해 방문이 활짝 열리지 않는 상태였다. 그래서 방문을 제거한 뒤 가리개 천으로 대신했고 옷을 걸어둘 행거형 전신 거울을 추가했다. 서랍장 위에 슬라이딩 수납장을 추가해서 드라이기, 고데기, 화장품, 향수 등 뷰티용품을 수납할 수 있게 했다. 슬라이딩 도어라 화장대와 가까운 쪽을 열어두면 사용하기 쉽고, 전선 홀이 있어서 가구 내부에 멀티탭을 놓으면 드라이기나 고데기도 수납된 자리에서 바로 사용하고 정리하기 편해 화장대 위를 깔끔하게 유지할 수 있다.

Work room

▲ Before

▲ After

작업실은 한쪽 벽에 붙박이 책상과 책장이 있었고 짐을 쌓아 놓아서 창고로 방치되고 있었다. 짐은 각자 사용하는 장소에 정리했고 붙박이 책상은 기존에 있던 재봉틀을 사용하는 자리로 만들어 재봉 재료를 수납했다. 남은 벽에는 모션 데스크가 알맞게 배치되었고, 컴퓨터 사용 빈도가 낮아 등받이가 없는 스툴형 의자를 함께 두었다. 높낮이 조절이 가능한 이동식 의자로, 모션 데스크와 사용하기 편리한 것을 선택했다. 입구에는 아치형 가벽을 설치하고 방 분위기와 어울리는 패브릭을 달아 여닫을 수 있게 했다.

Êffect

01 생활을 개선하는 정리 가이드

공간과 생활을 개선하는 가장 효과적인 방법은 정리이다. 우리는 무의식적으로 가방이나 외투, 손에 들고 있던 물건을 근처 가구 위에 올려 두곤 하는데, 이는 집 전체가 어수선해지고 계속해서 물건이 쌓이는 악순환으로 이어진다. 정리를 잘하려면 생활하는 공간에는 물건이 쌓이지 않도록 하는 것이 중요하다. 정리는 머리를 쓰는 일이다. 물건을 사용하는 자리, 사용하고 바로 정리할 수 있는 자리를 정하면 물건을 찾아 헤매는 시간과 에너지를 낭비하지 않는다. 매일 청소하지 않아도 쾌적함을 유지하고 일상 속 스트레스를 줄일 수 있다.

① 물건 줄이기

물건을 버려야 공간에 여유가 생기는 건 당연하다. 정리의 기본은 비우는 것이다. 개인의 취향, 가치관, 라이프 스타일에 따라 물건의 가치가 다를 수 있으니 이를 고려하여 불필요한 물건을 정리한다. 망가진 물건은 버리고, 사용하지 않는 물건은 중고 거래, 나눔, 기부 등을 통해 처리한다.

② 사용 목적에 따라 분류하기

물건을 사용 목적이 같은 카테고리별로 분류한다. 뷰티용품, 전자기기 관련 용품, 청소용품, 추억용품, 놀이용품, 취미용품 등 연계성이 있는 물건끼리 모으면 찾기 쉽고 사용하기 편하다. 혼자 자취하는 경우가 아니라면 공용으로 사용하는 것과 개인용으로 분류할 물건도 있다. 분류하기 애매한 잡동사니는 따로 모아 둔다.

③ 사용하는 장소 정하기

물건을 사용하고 다시 정리하는 것까지 고려하여 위치를 정한다. 사용할 장소로 물건을 이동하면 필요한 수납의 종류와 양이 파악된다. 컴퓨터나 스터디 관련 용품은 책상 주변, 식품은 주방 가까이에, 홈트용품은 홈 트레이닝을 할 공간에 두도록 하고 사용 위치가 애매한 것은 중립적인 자리를 만든다. 애써 정리해도 유지되지 않는다면 위치가 잘못 정해진 것일 수 있으니, 주로 두게 되는 위치를 파악하여 수정한다.

④ 사용 빈도에 따라 위치 정하기

정해진 장소에서도 최종 위치는 사용 빈도에 따라 결정한다. 사용 빈도가 높은 물건은 실제로 사용할 위치와 가장 가깝고 꺼내기 쉬운 곳에 정리하고, 사용 빈도가 낮은 물건은 남는 자리에 보관한다. 용도가 같은 물건은 한곳에 두고 함께 쓰는 물건은 가까이 두는 것이 좋다. 상대적으로 사용하기 불편한 자리라면 그 장소와 관련된 여분의 물건이나 계절용품 등의 짐을 보관한다.

- **1순위** 매일 사용하는 물건 : 사용하는 자세에서 크게 움직이지 않고 꺼내기 쉬운 위치
- **2순위** 사용 빈도 높은 물건 : 팔을 뻗으면 꺼낼 수 있어서 자주 사용하기 편한 위치
- **3순위** 사용 빈도 낮은 물건 : 조금 이동해야 하는 주변이나 자세를 바꿔서 꺼낼 수 있는 위치
- **4순위** 여분의 새 상품, 계절용품 : 가끔 꺼낼 용도로 손이 닿기 힘든 깊은 안쪽이나 높은 위치

⑤ 여유 공간 유지하기

수납공간이 많을수록 쌓아 두는 물건이 많아지기 마련이다. 수납공간이 무조건 클 필요는 없지만 생활하다 보면 1+1 행사로 구입한 상품, 사은품, 선물 등 계획에 없는 물건이 생기므로 어느 정도의 여유 공간은 확보해 놓는 것이 좋다. 예상치 못한 짐이 생기는 것을 고려해 여유 공간을 유지해야 생활공간에 짐이 쌓이는 것을 방지할 수 있다. 또한 상시 구매하는 물건의 자리는 일시적으로 비어 있더라도 다른 물건을 채워 넣지 않는 것이 좋다. 새로 구매했을 때 제자리가 없어진 물건은 다른 자리에 놓이게 되고, 그 자리에 있던 건 또 다른 자리로 밀리면서 계획했던 정리가 흐트러지기 때문이다. 예를 들어 매번 탄산수를 박스로 구매하는데 한두 개가 남아 여유 공간이 생겼을 때 갑자기 집들이 선물로 받은 휴지를 넣어 둔다면 다시 구매한 탄산수는 둘 곳이 없어서 또 다른 자리를 뺏거나 꺼낸 채로 방치하게 된다.

⑥ 비슷하게 응집하기

함께 정리하는 물건들은 생김새에 따라 응집이 필요한 것들이 있다. 정리해도 산만해 보이기 쉬운 각양각색의 옷이나 책이 대표적이다. 옷을 정리할 때도 기본적으로 상의, 하의, 외투를 나눈 후 계절에 따른 두께나 길이, 컬러가 비슷한 것끼리 모으면 더 깔끔해 보이고 찾기 쉽다. 책 역시 높이와 컬러가 비슷한 것끼리 세워서 정리하면 한층 안정적으로 보인다. 이렇게 비슷하게 응집되어 있으면 꺼냈던 옷이나 책을 자연스럽게 제자리에 넣는 자신을 발견할 수 있을 것이다.

⑦ 생활용품 톤 맞추기

생활용품(욕실 슬리퍼, 실내 슬리퍼, 쓰레기통, 식기 건조대, 빨래 바구니 등)이 자칫 전체 분위기를 망치기도 한다. 포인트 인테리어로 활용하려면 다른 가구나 소품에 사용된 컬러를 반복하면 된다. 하지만 모든 물건을 시간과 비용을 들여 특별한 디자인과 컬러로 찾을 필요는 없다. 고민하고 싶지 않다면 화이트, 베이지, 그레이, 블랙과 같은 무난한 컬러를 선택하는 것이 좋다. 쉽게 접할 수 있는 편집숍인 자주, 무지, 모던하우스, 다이소에서도 충분히 분위기와 어울리는 생활용품을 구입할 수 있다.

⑧ 정리 바구니 활용하기

편리한 사용을 위해 꺼내 둔 각양각색의 물건들 때문에 주위가 어수선한 경우가 많다. 이를 해결하기 위해 조미료나 각종 세제를 통일된 용기에 옮겨 담아 깔끔하게 정리할 수 있는데, 지속하지 못한다면 구매한 용기는 무용지물이 된다. 그럴 때는 좀 더 간편하게 바구니를 활용할 수 있다. 물건을 바구니에 담으면 굳이 새로운 용기에 담지 않아도 각양각색으로 보이는 면적이 줄어들어 더 깔끔해 보인다. 정리 바구니를 여러 개 놓을 때는 같은 제품으로 통일하는 것이 좋은데 새로 구입하지 않더라도 색상이나 크기가 비슷한 것들을 나란히 두면 된다. 내부 공간을 정리할 때도 세분화해서 나눠 담으면 물건이 뒤섞이지 않아서 찾기 쉽고, 필요한 바구니만 꺼내 사용하고 그대로 다시 넣어 두면 되기 때문에 정리하기에도 편하다. 내부 공간에 넣는 바구니는 담긴 물건을 파악하기 쉬운 투명한 제품이 좋지만, 오픈된 곳에 놓는 건 불투명한 제품이 깔끔하다. 자주 사용하는 것은 물건 위치가 금방 익숙해지지만 기억하기 어려운 것은 라벨을 붙여두면 찾기 쉽다.

⑨ 선 정리하기

전기가 필요한 제품을 배치할 때는 전깃줄이 최대한 방의 가장자리를 따라 가구의 하부나 뒤쪽으로 숨겨지도록 한다. 노출되는 자리에 전선이 있다면 깔끔하게 고정할 수 있는 #케이블클램프 #전선클립 #전선몰드 #케이블홀더를 활용할 수 있으며 인터넷이나 근처 철물점, 다이소에서 구매 가능하다. 여러 선이 꽂힌 멀티탭은 전선 홀이 있는 가구라면 내부에 넣어 두고, 가구 위에 올려둘 땐 #멀티탭보관함에 담아두는 것이 깔끔하다. #멀티탭거치대 #멀티탭트레이 등을 활용할 수도 있다. 눈에 띄지 않는 가구의 측면, 뒷면, 하부 등 필요한 곳에 나사로 직접 고정하거나 겔 테이프로 부착해도 좋고, 무타공으로 걸어둘 수 있는 #부착형멀티탭거치대도 있다. 사용하기 편한 자리에 둔 전자기기 충전기도 발에 밟히지 않도록 케이블 홀더나 집에 있는 집게, 끈, 고리, 선 정리용품 등으로 최소한의 고정은 하는 것이 좋다.

▲ 케이블 클램프

▲ 가구 나사 고정

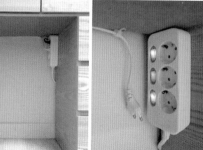

▲ 반원 전선 몰드, 바닥 설치

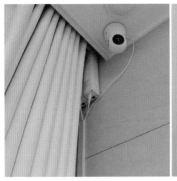

▲ 사각 전선 몰드, 벽 설치

▲ 벨크로 타이

▲ 케이블 홀더

▲ 가구 내부 보관

▲ 멀티탭 보관함

▲ 멀티탭 거치대

▲ 부착형 멀티탭
　거치대

⑩ 쓰레기 노출하지 않기

　쓰레기통이나 분리수거함은 내용물이 보이지 않는 것이 냄새도 차단되고 쾌적하다. 냄새나는 쓰레기를 담는 용도가 아니고 눈에 띄는 자리가 아니라면 오픈형 쓰레기통도 괜찮다. 앉아서 사용하는 위치에는 원터치 휴지통이 편하다. 서서 사용하는 위치는 센서형 휴지통이나 페달형 휴지통이 편한데, 가성비를 생각한다면 센서형보다 페달형이 훨씬 저렴하다. 종량제 봉투를 끼워 둘 수 있는 제품은 쓰레기를 옮겨 담을 필요 없이 바로 버릴 수 있어서 편하고, 비닐 고정 홀더나 내통 손잡이가 있어서 봉투를 밖으로 보이지 않게 고정할 수 있다. 사용하고 있는 휴지통이 마음에 들지 않으면 눈에 띄지 않게 두거나 페인트칠, 필름지 등을 이용한 간단한 리폼으로 해결한다.

02 효율적인 수납 방법

'정리'가 불필요한 것을 줄이고 물건들을 체계적으로 분류해서 모으거나 치우는 일이었다면 '수납'은 그 물건들을 넣어 두는 방법이다. 사용하지 않는 것이나 버릴 것을 비우는 것이 공간의 여유를 만드는 가장 확실한 정리지만, 개인이 중요시하는 가치와 생활 패턴이 다르므로 모두에게 미니멀 라이프를 강요할 수는 없다. 버리기만 한다고 깔끔해지는 것도 아니고, 버린 것을 다시 구매해야 하는 상황 역시 비용과 자원 낭비이기 때문이다. 그러니 원하는 물건을 소장하면서도 일상과 쾌적한 공간을 지킬 수 있는 수납을 실천하면 된다. 수납에 용이한 가구를 활용하는 게 기본이지만, 공간이 수납 가구로 가득 차는 것 또한 효율적이지 않다. 수납 가구를 구입하지 않고도 틈새 공간을 활용할 수 있는 수납 아이디어와 간단한 정리용품으로 같은 공간, 같은 가구에 더 많은 양을 수납할 수 있다. 그 방법을 10가지로 정리했고 실제로 활용한 사진은 다음 단락에 공간별로 소개한다.

① 불편한 자리 활용하기

수납된 물건을 한눈에 알아보기 힘들고 손이 닿지 않아서 바로 꺼내기 어려운 영역도 좋은 수납 공간이다. 옷장이나 책장 등 높은 가구의 맨 위 칸, 싱크대 상부장의 제일 위 칸, 잘 안 보이는 안쪽 깊숙한 코너 등 의자를 밟고 올라서야 하거나 앞에 있는 물건을 치우고 꺼내야 하는 영역이 여기에 해당한다. 이런 곳에는 보관용 짐을 두면 좋다. 계절용품처럼 잊고 있다가도 교체할 때가 분명 있어서 꺼내 써야 하는 물품을 두면 사용 빈도가 낮아도 알차게 활용할 수 있다.

② 틈새 공간 활용하기

맞춤 가구가 아닌 규격이 정해진 기성 가구를 배치하다 보면 벽과 가구 사이, 가구와 가구 사이에 여백이 생긴다. 이런 틈새 공간은 동선을 방해하지 않고 눈에 띄지 않아서 보이지 않게 두고 싶은 것들을 깔끔하게 정리할 수 있다. 청소용품을 두거나 요가 매트, 폼 롤러와 같이 길이가 긴 물품도 쓰러지지 않게 세워 두기 좋다. 냉장고나 세탁기와 같은 대형 가전을 두고 남는 여백에도 #틈새수납장 #틈새서랍장 #틈새선반을 두면 알차게 사용할 수 있다(검색할 때 여백의 가로 폭을 고려하면 그에 맞는 제품을 찾기 쉽다). 오픈형, 도어형, 슬라이딩형의 가구 타입도 있고, 저렴한 플라스틱 소재의 #이동식틈새선반이나 #틈새서랍장도 최소 폭 9cm부터 다양한 사이즈가 있다.

232

③ 데드 스페이스 활용하기

사용할 수 없는 공간을 뜻하는 데드 스페이스는 방문이나 가구를 사용하기 위해 비워 둬야 하는 영역, 좁은 통행로, 가전 가구의 크기 차이로 생기는 여백과 같이 활용이 어려운 곳을 포함한다. 방문 뒤쪽 벽에 #벽걸이행거를 설치하거나, 문에 걸어서 사용하는 #문걸이선반 #문걸이행거 #도어 훅으로 공간 활용도를 높일 수 있다. 크고 무거운 것만 아니면 #압축봉 #벽선반으로 방문 위와 같이 사용할 수 없던 영역도 활용 가능하다. 슬라이딩 도어 가구를 사용하거나 필요 없는 방문을 제거하면 문을 여닫기 위해 비워야 했던 데드 스페이스가 활용할 수 있는 공간이 된다. 가구를 배치하면 답답해 보일 것 같은 곳은 벽 장식이나 소품으로 포인트를 줄 수 있고 수납을 확보해야 할 땐 자리를 적게 차지하는 슬림한 수납 가구나 콘솔을 두면 된다. 위치가 애매한 분리수거함, 청소기, 공기 청정기와 같은 소형 가전의 자리로 정해도 좋다.

④ 히든 스페이스 수납 추가하기

사용하고 있는 가구의 숨은 공간을 적극 활용하는 것만으로도 수납공간을 늘릴 수 있다. 높은 가구와 천장 사이의 여백이나 다리가 있는 가구의 하부를 활용하여 계절용품, 보관 물품을 담은 리빙 박스를 둘 수 있다. 특히 식탁이나 책상 하부에 낮은 선반이나 책장, 서랍, 트롤리를 두면 가구 위를 깔끔하게 유지하기 편하고 #히든서랍 #부착식서랍을 추가로 놓아 자주 쓰는 식기류, 사무용품, 화장품 등 장소와 역할에 맞는 작은 용품을 수납할 수 있다.

수납장 내부는 #정리바구니 #정리선반 #압축봉 #압축선반을 활용하거나 내부 규격에 맞춰 주문 제작한 합판을 #선반다보 #선반받침 #접착식다보 등으로 설치해서 위아래로 칸을 더 나누면 알차게 활용 가능하다. 가구 도어에 #부착식선반 #부착식걸이 #부착식후크를 사용하면 편리하게 수납이 가능하고 냉장고나 현관 같은 철제 표면에는 #자석선반 #자석후크를 활용하면 된다.

⑤ 바퀴로 이동시키기

바퀴가 달린 #트롤리 #이동식카트 #이동식선반에 사용하는 위치가 변하는 물건을 수납하면 원하는 위치에서 자유롭게 사용할 수 있다. 식재료 및 조미료를 정리해 두고 요리할 때 주방에서 끌고 다니며 사용할 수 있고, 상판이 있는 제품은 서브 조리대로도 활용할 수 있다. 일상생활에서 자주 사용하는 것들을 수납해 두고 소파에서는 사이드 테이블로 활용하다가 침대로 끌고 와서 협탁으로 활용하면 물건을 두 개씩 둘 필요도 없고 일일이 들고 이동할 필요도 없다. 취미 활동에 필요한 재료나 육아용품도 필요한 장소로 끌고 와서 편하게 사용하고 손님이 오면 눈에 띄지 않는 곳으로 치울 수 있어 좋다.

⑥ 창고 만들기

강박적인 정리는 오히려 생활을 불편하게 만들기 때문에 자신이 지킬 수 있을 만한 방법으로 일상을 적당히 단순화할 수 있는 수납이 필요하다. 매번 정리가 귀찮은 물건들은 눈에 띄지 않는 자리에 모아 가리는 것으로 충분하다. 주로 발코니, 세탁실, 다용도실에 선반을 설치하면 되는데, 그런 공간이 없는 경우 실내 공간에서 노출되지 않게 창고 자리를 마련한다. 옷장과 같은 큰 가구에 여유 공간이 있다면 캐리어, 계절 이불, 선풍기 등 큰 짐을 넣는 창고로 활용하고, 가구와 벽 사이를 일부러 약간 띄운 뒤 압축봉으로 가리개 커튼을 설치하면 창고가 된다.

⑦ 사용하는 것 외엔 치우기

거주하는 사람의 인원보다 여분의 수량을 갖춰두는 물건은 평소 필요한 수량만 꺼내두고 손님용은 보이지 않는 곳에 넣어서 보이는 물건을 줄인다. 생필품, 생활용품 역시 지금 사용하고 있는 것만 꺼내두고 여분의 새 상품들은 따로 보관하여 쓰던 것부터 사용할 수 있는 체계를 잡아둔다. 자주 사용하지 않는 소형 가전도 넣어 두고 필요할 때 꺼내 쓰는 것이 깔끔한 상태를 유지할 수 있는 방법이다.

⑧ 쌓거나 접어 두기

매일 사용하지 않는 여분의 의자나 리빙 박스는 필요하지 않을 때는 쌓거나 접어서 보관하면 자리를 적게 차지하고 생활공간은 더 넓어진다. 여러 칸이 필요한 분리수거함이나 빨래 바구니도 위로 2단, 3단 적층할 수 있는 제품을 두면 차지하는 면적이 줄어든다. 정리 바구니도 뚜껑이 있는 제품을 활용하면 위쪽으로 물건이나 바구니를 더 쌓을 수 있다.

⑨ 담아서 모으기

물건을 꺼내다가 주변의 다른 물건이 쏟아지거나 흐트러진다면 결국 정리보다는 때려 넣은 모양새가 된다. 굴러다니기 쉬운 작은 물건들은 트레이나 바구니에 담아서 수납하는 것이 물건을 찾아 쓰기 편하다. 종이가방, 비닐봉투는 계속 쌓이면 공간이 낭비되지만 종종 필요한 곳이 생겨서 결국 쟁이게 된다. 이때 흩어지지 않도록 큰 종이가방 안에 다른 종이가방들을 담거나, 큰 장바구니에 다른 비닐들을 담아서 자리를 정하고 일정량 이상 쌓아 두지 않도록 한다. 각종 기기 설명서도 다시 보는 경우가 잘 없지만 만약을 대비해서 클리어 파일이나 비닐 팩, 작은 종이가방에 모아서 보관하면 깔끔하고 찾기도 쉽다.

⑩ 재활용하기

깔끔한 수납을 도와주는 정리·수납 용품을 많이 구매한다고 해서 수납이 해결되는 것은 아니다. 오히려 다른 낭비로 이어지거나 짐이 되는 경우도 많다. 구매하기 전에 집에 있는 것들을 들여다보면 탄탄한 상자나 상품 케이스, 쟁반, 옷걸이 등 수납용품을 대체할 수 있는 것들이 생각보다 많다. 예를 들어 수납 가구를 구매하면서 필요 없어진 플라스틱 서랍장이나 패브릭 서랍장의 서랍 칸은 수납 바구니로 활용할 수 있다. 또 이사한 집에는 길이가 맞지 않는 압축봉도 다른 가구나 공간에 활용해 물건을 걸거나 수납하는 보조로 활용할 수 있다. 대표적으로 압축봉에 패브릭을 활용해 오픈형 가구의 문을 만들거나 행잉 플랜트를 걸어 장식용으로 사용할 수 있다. 서류를 정리하던 파일 정리함을 싱크대 수납장 문 안쪽에 부착해서 랩, 호일을 수납하거나 싱크대 안에 두고 프라이팬 정리를 할 수 있다. 또 화장대 옆에 두면 드라이기나 고데기 보관함으로 활용 가능하다. 새 신발을 구매하면 생기는 박스는 수납장에 두고 뚜껑 있는 정리함으로 활용하고, 크기가 작은 전자제품이나 화장품 박스는 서랍 내부에 넣어 작은 생활용품을 분리하는 트레이로 사용하면 유용하다. 뚜껑이 파손되거나 색이 바랜 반찬통 역시 수납공간 내부를 정리할 때 바구니로 활용하면 된다. 전자제품을 구매하면 나오는 철끈(흔히 빵끈이라고 부르는 전선끈)은 집안 곳곳의 전선 정리에 유용하다. 커피 테이크아웃 캐리어는 신발, 이너웨어, 양말을 정리하거나 우산, 텀블러를 쓰러지지 않게 정리하는 받침대가 된다. 테이크아웃 컵에는 스틱 커피나 차, 일회용 수저들을 담아 정리하면 깔끔하다. 이렇게 주변 물건을 활용한 수납 아이디어는 무궁무진하다.

03 공간별 정리수납 적용하기

1 주방과 다이닝룸

① 주방 가전 수납

주방은 냉장고와 전자레인지, 밥솥 외에도 에어프라이어, 믹서기, 커피 머신, 전기 포트, 정수기, 음식물 처리기나 식기세척기 등 자리를 차지하는 것들이 많아서 싱크대나 수납공간에 모두 두기 어렵다. 싱크대 위는 조리 공간을 확보하는 것이 중요하므로 여러 가전을 수납할 주방 수납장을 추가해서 해결할 수 있다. 전기 포트, 커피 머신을 뒀다면 #정리바구니 #칸막이트레이 #히든서랍으로 커피 캡슐, 티, 간식을 정리해서 함께 두거나, 전자레인지 근처에 데워 먹는 식품을 함께 두면 동선이 편하다. 보이는 자리에 꺼내 둘 때는 가구와 잘 어울리는 바구니나 #브레드함을 활용하면 분위기를 해치지 않는다.

주방 수납장을 추가해도 일부는 싱크대 위에 둬야 한다면 조리대로 사용하기 애매한 코너 공간을 활용한다. 싱크대 위에 올려둔 전자레인지에 #전자레인지선반을 추가하면 그 위에 영양제나 쟁반 등을 두거나 측면에 냄비 장갑, 냄비 받침 등을 걸 수 있다. 밥솥은 뚜껑을 위로 오픈해야 하고 수증기로 인해 가구 변형이 생길 수 있으므로 레일이 있는 수납장에 두는 것이 좋다. 만약 싱크대 위에 올려 두더라도 수증기가 상부장으로 바로 향하지 않는 위치에 둔다. 이때 레일로 밥솥을 당겼다 밀어 둘 수 있는 #미니레일수납장 #밥솥레일 #밥솥선반 #레일선반을 활용하면 편하다. 주방 가전은 고전력 제품이 많아서 고용량, 고전력 멀티탭 사용을 권장하고, 콘센트는 개별 전원이 유용하다.

▲ 홈 카페 관련 용품 수납　　　　　　　　▲ 주방 가전 수납 및 식품 정리 바구니

▲ 미니 레일 수납장　　▲ 전자레인지 선반　　▲ 싱크대 하부 레일 선반　　▲ 랙 선반 위 레일 선반(밥솥)

▲ Before　　　　　　　　　　　　　▲ After

추가한 주방 수납장으로 주방 가전을 옮겨서 싱크대 위 조리대 영역을 깔끔하게 확보했다.

▲ Before

냉장고 옆에 튀어나온 분리수거함이 동선을 방해하며 보기에 좋지 않았고, 냉장고와 주방 붙박이장 사이에 낮은 슬라이딩 수납장이 있었다. 주방에 있는 붙박이 아일랜드 식탁은 거의 사용하지 않아 최대한 밀어 넣어 뒀고 싱크대 위에는 주방 가전이 가득 놓여있어서 조리대 영역이 없는 상태였다.

▲ After

냉장고와 주방 붙박이장 사이에 있던 슬라이딩 수납장은 주방 오른쪽 타일 벽으로 옮기고 전기 포트를 올려뒀다. 냉장고를 좌측으로 최대한 이동시키고 사이 여백에 랙 선반을 추가하여 싱크대 위에 있던 에어프라이어와 커피 머신을 옮길 수 있었고, 싱크대 위 조리 공간을 확보했다. 분리수거함까지 랙 선반 하부에 넣어두고 압축봉과 가리개 천으로 가려두니 깔끔해졌다. 사용하지 않는 아일랜드 식탁을 제거하고 전체적으로 페인트칠(상하부장 : 팬톤 우드앤메탈 - Snow White, 저광(에그쉘광) / 타일 : 팬톤 타일페인트 - Oyster Mushroom)하여 더 넓고 깔끔해 보이는 주방이 됐다.

② 싱크대 상하부 수납장

주방은 필요한 물건이 많아 정리가 쉽지 않다. 싱크대 크기와 갖고 있는 주방용품의 활용도에 따라 정리 위치와 방식은 다르겠지만, 편하게 사용할 수 있는 위치를 정하는 가이드와 알찬 수납을 위한 정리용품은 비슷하게 응용할 수 있다.

주방 그릇들은 정리하기 편하도록 설거지 건조대와 가까운 위치의 상부장부터 사용 빈도가 높은 그릇을 둔다. #그릇정리대 #주방정리선반 #접시정리대를 활용하면 겹겹이 쌓아두는 것보다 안전하고 편하게 사용할 수 있다. 폭이나 높이 조절이 가능한 것도 있고, 접시를 세로로 정리하거나 선반에 걸 수 있는 제품, 텀블러를 눕혀 쌓을 수 있는 제품 등 다양한 정리 선반이 있다. 반찬통은 가벼운 플라스틱보다 무거운 유리 제품을 꺼내기 쉬운 위치에 두고, 큰 반찬통보다 작은 반찬통을 손이 닿기 쉬운 곳에 두는 것이 좋다. 수납공간이 부족하다면 반찬통의 뚜껑을 분리해서 겹쳐 두면 공간을 적게 차지한다.

상부장에 조미료를 둔다면 회전형 트레이가 편하고, 라면, 참치, 캔 햄, 시리얼 등 부피가 적은 식품은 바구니에 담아 넣으면 쓰러지지 않는다. 가장 꺼내기 힘든 제일 위 칸은 사용 빈도가 낮은 가볍고 큰 반찬통을 두거나 주방에서 사용하는 키친타월, 행주, 고무장갑, 수세미 등 교체용 주방용품을 두면 된다. 이때 밟고 올라설 수 있는 보조 의자가 주방에 있으면 편하다. #주방발판 #욕실의자 #디딤대의자 #접이식스툴로 검색하면 부피가 크지 않은 제품을 찾을 수 있다.

▲ 폭 조절 정리 선반과 반찬통 분류, 주방용품 수납   ▲ 언더선반 정리대와 텀블러 정리대

▲ 접시 정리대   ▲ 상부장 식품 정리   ▲ 상부장 활용을 위한 접이식 발판

싱크대 하부장에는 냄비, 프라이팬과 같이 부피가 크고 무거운 쿡웨어를 수납한다. 겹쳐 두면 꺼내 쓰기도 불편하고, 코팅에 스크래치가 생기기 때문에 #싱크인선반 #싱크대정리선반 #프라이팬정리대를 활용한다. 싱크볼과 이어진 배수관이 있어도 폭 조절로 설치가 가능한 제품도 있고 세로로 정리할 수 있는 것도 있다. 그릇이 많아서 하부장에도 수납해야 할 경우 사용 빈도가 낮은 걸 안쪽으로 넣어 두면 되는데 안쪽 그릇도 편하게 꺼내고 싶으면 #슬라이딩그릇정리대를 활용하면 된다. 그 외 채반, 믹싱볼 등 요리를 위한 주방용품도 정리 선반을 활용하면 버려지는 공간 없이 알찬 수납이 가능하고 꺼내 쓰기도 편하다. 여유가 된다면 쌀, 생수, 음료 등 부피가 크고 무거운 식품을 하부에 수납하면 된다. 크기가 작은 식품이나 조미료는 슬라이딩 선반이나 롱트레이를 활용하면 안쪽에 있는 것도 편하게 꺼낼 수 있다. 일회용품도 흩어지지 않게 바구니에 깔끔하게 담아 두고 싱크대 도어 안쪽에 #부착식수납함 #싱크대도어걸이선반을 활용하면 바로 꺼내 쓰기 편하다. 이 외에도 #무타공다용도걸이를 부착해서 가스레인지와 가까운 하부장에 조리도구나 냄비받침, 냄비 장갑까지 걸어서 정리할 수 있다.

하부장에 서랍이 있는 경우 제일 위 칸은 #칸막이서랍정리트레이 #커트러리정리함으로 수저나 조리도구 등 작은 주방용품을 정리하면 편하다. 중간 서랍에는 랩, 호일, 위생장갑, 비닐팩을 #비닐팩정리함에 깔끔하게 정리해도 되고, 한 자리에 모으기만 해도 충분하다. 종량제 봉투, 분리수거 봉투, 모아둔 비닐봉투도 한곳에 담으면 편하다. 제일 하부 서랍의 높이가 높다면 액상 조미료와 밀가루, 튀김가루 등 가루 식자재를 쓰러지지 않게 트레이에 담아 넣거나 조리도구를 수납한다.

▲ 폭 조절 싱크인 선반

▲ 프라이팬 정리대

▲ 슬라이딩 선반 &
프라이팬 삼각 수납 홀더

▲ 폭 조절 선반

▲ 바구니, 부착식 수납함

▲ 부착식 걸이

▲ 싱크대 도어 걸이 선반

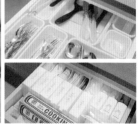
▲ 커트러리, 비닐팩 정리함

③ 싱크대 위

싱크대 위는 물건이 많고 정리가 안 될수록 비위생적인 느낌이 든다. 눈에 보이는 물건을 최소화하는 것이 가장 좋지만, 기본 조미료와 식용유 등 꺼내 두고 사용하는 게 편한 것은 통일된 양념통에 소분하는 것을 추천한다. 하지만 소분해두면 유통기한 확인이 어렵고 매번 옮겨 담기 번거로우니 기존의 용기를 바구니에 담기만 해도 훨씬 깔끔해 보인다. 자리가 부족하면 타일 벽에 선반을 부착해도 좋다. 조리도구도 보이는 곳에 꺼내 둘 때는 싱크대 위에 올리는 거치대보다 싱크대 상부장 하단에 활용할 수 있는 #조리도구걸이나 타일에 부착하는 #부착식조리도구걸이를 활용하면 자리를 차지하지 않는다. 식기 건조대 자체에 조리도구 걸이가 있는 것도 있고, 없다면 S고리나 집게고리를 추가해서 식기 건조대에 걸어도 된다. 식기 건조대도 싱크대 위에 올리는 제품이 있고, 싱크볼 영역에 거는 제품이 있다. 싱크대 위로 올려 두고 싶다면 집에 있던 쟁반, #물빠짐트레이 #식기건조트레이나 물을 흡수하는 #설거지매트를 받치면 된다. 싱크대 위 공간이 부족하다면 싱크대 상부장 하부에 피스를 박아 설치하는 #부착식식기건조대, 창문에 거치할 수 있는 #창문형식기건조대도 있고 싱크볼 쪽에 세우는 #기둥식식기건조대 #스탠딩식기건조대 #싱크대선반건조대 #길이조절싱크랙 #싱크대롤매트 등 다양한 제품이 있다.

그 외에도 주방에서 사용하는 행주, 핸드타월, 냄비 장갑, 수세미 등 눈에 보이는 자리에 두는 것들도 거치대나 걸이와 통일감 있는 컬러로 맞춘다면 정돈된 느낌을 줄 수 있다. 또, 주방에서 나오는 일반 쓰레기를 바로 버리는 용도로 #싱크대걸이쓰레기통을 두면 생각 이상으로 동선이 편하고 주방이 쾌적해진다. 주방 세제를 옮겨 담을 #세제통 #세제디스펜서 #리필용기나 설거지할 때 물이 튀는 것을 방지하는 #싱크대물막이도 싱크대를 더 깔끔하게 하는 효과가 있다.

▲ 기둥식 식기 건조대, 추가 걸이, 싱크대 물막이　　▲ 조리도구 걸이, 부착식 식기 건조대, 수저통, 세제 디스펜서,
　　　　　　　　　　　　　　　　　　　　　　　　　수세미 거치대, 부착형 행주걸이

▲ 각종 주방용품 걸이 및 거치대　　　　　　　▲ 조미료 선반, 스탠딩 식기 건조대

▲ 바구니에 정리한 조미료, 주방 가전 발코니 배치　　▲ 영양제 보관함, 양념통, 조리도구 받침대, 걸이형 쓰레기통, 키친타월 걸이

　　주방을 쾌적하게 유지하기 위해 주방 청소용품은 싱크대 위에 두는 것이 좋다. 특히 바로 닦을 수 있는 물티슈나 세정 티슈, 행주 티슈는 가까이 있어야 청소를 습관화하는 데 도움이 된다. #오염방지시트 #기름튐방지필름을 부착하거나 가스레인지 가드를 사용할 수 있지만 요리 후 닦는 과정이 필요하다. 가스레인지가 있지만 요리를 자주 하지 않거나 안전과 유지 관리에 초점을 맞춰 인덕션을 선호한다면 #가스레인지덮개로 덮고 전기를 꽂아서 사용하는 인덕션을 올리면 공사나 교체 없이 원상 복구가 가능하다.

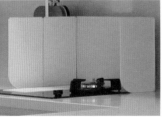

▲ 가스레인지 덮개 + 인덕션　　▲ 가스레인지 가림막　　　▲ 주방 청소용품 싱크대 수납

④ 냉장고

자석을 활용할 수 있는 냉장고 측면에 #자석키친타월걸이 #자석키친타월선반 #자석선반 #자석고리를 붙여두면 냄비 장갑, 냄비 받침, 행주를 걸거나 비닐랩, 키친타월, 조리도구까지 정리할 수 있고 영양제, 조미료를 두는 것도 가능하다. 냉장고를 배치하고 남는 여백이 넉넉하면 틈새 가구를 넣을 수 있고, 가구를 둘 수 없는 20cm 미만의 여백에는 바퀴가 있는 플라스틱 #이동식수납선반이나 #틈새서랍장을 여백에 맞춰 추가하면 유용하다. 10cm 이하의 좁은 틈새도 자석 고리를 활용하면 앞치마나 장바구니를 걸어두고 접이식 테이블이나 의자를 보관하는 자리로 활용할 수 있다.

▲ 자석 키친타월 걸이

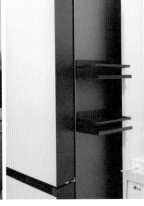
▲ 자석 선반

▲ 자석 수납&영양제 통

▲ 자석 고리

▲ 이동식 틈새 선반

▲ 앞치마 및 접이식 테이블 보관

냉장실을 정리할 때는 공간 배치가 중요하다. 매일 꺼내는 반찬, 바로 먹어야 하는 식재료나 식품, 먹다 남은 음식은 냉장고 문을 열었을 때 가장 잘 보이고 꺼내기 쉬운 칸에 두는 것이 좋다. 식품을 보관할 때는 투명한 트레이에 담아 넣어야 재료 확인이 용이하고 빨리 소진하기 좋다. 냉장고 도어에 있는 칸은 주로 음료를 두는데 간편식, 요구르트, 우유 등 유통기한이 짧은 것과 냉장 보관이 필요한 조미료, 소스류를 한자리에 모은다.

냉동실은 내용물이 쉽게 쌓여서 잊어버리거나, 꺼낼 때 주변에 있는 것들이 떨어진 경험이 있을 것이다. 요즘 냉장고는 사용하기 편하도록 서랍 형식으로 구성되어 있는 편이지만 아닐 경우 투명한 냉장고 트레이 몇 개만 넣어 보자. 남은 재료를 보관할 때 일일이 용기에 옮겨 담지 않고, 포장 상태 그대로 트레이에 담기만 해도 훨씬 깔끔하고 안전하게 원하는 식품을 꺼낼 수 있다. 이때 낱개로 포장된 냉동식품, 소분한 음식, 채소, 육류, 어류, 간식 등 종류별로 분류해서 담은 뒤 라벨링하면 찾기도 쉽다. 도중에 포기하지 않고 '이 정도는 꾸준히 실천할 수 있지' 싶은 적당한 분류만으로도 충분히 변화를 체감할 수 있을 것이다.

▲ 트레이를 활용해 실천할 수 있는 최소한의 냉동실 정리

⑤ 다이닝 영역

다이닝 영역은 쾌적한 환경에서 식사를 즐길 수 있도록 지켜야 한다. 외출 후 돌아왔을 때 가방이나 외투를 식탁 의자에 걸쳐두거나 들고 들어온 택배, 영수증, 지로용지, 지갑, 차 키 등을 식탁 위에 올리게 되는 경우가 많다. 외출했던 가방이나 외투는 옷방이나 옷장 영역에 두는 습관을 갖는 게 가장 좋지만 실천이 어려운 사람은 현관에서 식탁까지 오기 전에 옷방이 먼저 나오도록 공간을 구성하면 자연스럽게 지킬 수 있다. 옷을 둘 수 있는 곳이 식탁을 지나쳐야 하는 경우 편하게 둘 수 있는 벽걸이나 도어 행거, 스탠드 행거, 폴 행거, 스툴을 먼저 배치하는 것도 방법이다. 이때는 직접적으로 노출되는 자리보다는 데드스페이스나 틈새 공간을 활용하는 것이 깔끔하고, 눈에 띄는 자리에 둘 때는 원목 행거와 같이 무드를 해치지 않고 오브제가 되는 디자인으로 선택한다. 손에 쥐는 잡다한 물건은 현관에 트레이나 바구니, 걸이 등으로 놓아둘 자리를 만들면 식탁에 두는 것들이 줄어든다. 그래도 계속 식탁에 두게 되는 것들이 있다면 담을 바구니를 두자.

영양제는 눈에 띄고 챙기기 편한 자리에 물과 가까이 두는 것이 좋다. 식사 후에 챙겨 먹기 위해 식탁에 둔다면 #바구니 #미니선반 #영양제보관함 #브레드함을 활용하는 것이 깔끔하다. 식탁에서 작업이나 취미 활동을 한다면 관련 물건은 식탁 하부나 가까운 곳에 수납해 두어야 식탁 위를 깔끔하게 유지할 수 있다. 그 외 식탁에서 사용하는 휴지나 물티슈 정도는 케이스를 사용하여 분위기를 지켜준다.

▲ 갑티슈, 물티슈 케이스 　▲ 하부 이동식 선반 　▲ 틈새 선반 & 자석 선반 　▲ 이동식 트롤리

▲ 브레드함, 멀티탭 보관함 　▲ 선반장 　　　　　　　　　　　　　　　▲ 스탠드 타공 보드

② 거실

　수납공간이 충분한 집은 TV 밑에 두는 거실장 없이 거실을 넓게 활용할 수 있지만, 좁은 집은 거실 수납장을 포기하는 게 쉽지 않다. TV가 없더라도 넉넉한 수납장, 책장, 장식장을 두기도 하고, 좁은 주방을 보완할 주방 수납장이나 홈 카페 수납장을 두는 등 개인의 취향과 라이프 스타일에 따라 수납 형태도 달라진다. 주로 TV 밑에 두는 낮은 거실장에는 의약품, 손톱깎이, 반짇고리 등 공용 생활용품을 수납하면 누구나 찾아 사용하기 편하다. 특히 서랍이 있으면 작은 물건을 수납하기 좋고, #정리바구니나 칸을 조절하는 #칸막이트레이를 활용하면 물건이 뒤섞이지 않고 한눈에 확인할 수 있다. 내부 수납은 새 트레이를 사지 않아도 상품을 구매하면 딸려 오는 박스나 집에 있는 선물 상자, 색이 바랜 반찬통을 활용해도 충분하다. 부피가 큰 물품은 정리 바구니가 오히려 불편한 경우도 있으니 최소한만 갖춰도 된다. 또 높은 수납장을 두면 크기 제약 없이 거실에서 사용하는 물건을 수납하기 좋다.

▲ 선반 높이 조절 선반장, 정리 트레이

▲ 서랍장 정리 바구니

▲ 이동식 정리함에 운동용품 수납

　가구에 오픈된 영역이 있으면 셋톱박스나 공유기를 넣어 둘 수도 있고, 콘센트가 가구 안으로 들어가 깔끔하다. 가구 위에 올려둘 땐 #셋톱박스정리함 #멀티탭보관함을 활용하면 좋고, 정리함이 없어도 선을 잘 정리한 후 화분이나 조명 등 소품을 두는 것만으로 자연스럽게 가릴 수 있다. TV를 벽이나 스탠드 거치대에 설치할 때는 TV 뒷면에 네트망, 타공 보드를 추가해서 케이블 타이로 정리해도 좋고 #셋톱박스선반이나 #셋톱박스거치대를 추가할 수도 있다.

▲ 셋톱박스와 공유기 정리함, 　　▲ 셋톱박스와 공유기가 노출되는 곳에 오브제 활용 　　▲ TV 뒷면 타공보드 & 케이블타이
　 멀티탭 보관함

▲ TV 밑으로 노출된 콘센트를 가려주는 작은 수납 가구 　　　　　　　　　　　　▲ 스피커, 셋톱박스, 공유기를
　　　　　　　　　　　　　　　　　　　　　　　　　　　　　　　　　　　　　　 가구 내 수납

　　TV 리모컨, 에어컨 리모컨 등 소파에 앉아서 사용하는 물건은 바로 옆에 있는 협탁이나 사이드 테이블 위에 두면 편하고, 리모컨 보관함에 담아 두거나 소파 근처에 월포켓을 걸어도 좋다.

　　수납장에 넣을 수 없을 정도로 큰 물건이나 청소기와 같은 소형 가전은 가급적 휴식을 취하는 거실, 침실보다는 옷방이나 작업실에 두길 권하지만, 거실이 편하다면 거실 수납장이나 소파 옆에 눈에 띄지 않게 둔다.

▲ 오픈 선반 위 게임기 　　▲ 협탁 위 리모컨 지정석 　　▲ 가구 옆 틈새 공간 청소기 배치

거실에서 접이식 테이블을 사용한다면 사진이나 그림이 프린팅된 액자형 테이블도 좋다. 바닥에 장식한 다른 액자들과 어울리게 두거나, 콘센트를 가릴 수도 있다. 접이식 테이블의 크기가 크다면 소파와 뒷벽 사이에 보관하거나 커튼으로 가리면 눈에 띄지 않으면서도 바로 꺼내 사용하기 편하다. 사용 빈도가 낮은 손님용 접이식 테이블은 큰 가구를 배치하고 생긴 틈새나 발코니에 두면 된다. 원룸에서는 침대와 벽 사이 여백을 활용할 수 있다. 침대 프레임이 없어도 매트리스의 가로 폭과 비슷한 접이식 테이블을 머리 방향에 두면 침대 헤드보드가 되는 셈이다.

▲ 액자형 좌식 테이블

▲ 사이드 테이블, 액자형 테이블(콘센트 가림)

▲ 접이식 테이블 침대 헤드보드로 보관

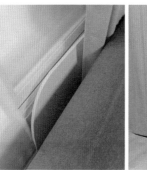
▲ 접이식 테이블 소파 뒤 보관　　　　　▲ 접이식 테이블 커튼 뒤 보관

③ 침실

    하루를 시작하고 일과를 마무리하는 침실은 숙면을 취하고 편안한 휴식을 통해 심신에 안정을 느낄 수 있도록 가급적이면 너무 많은 요소를 두지 않는 것이 좋다. 다른 공간을 겸해야 한다면 수납은 도어가 있는 가구나 서랍에 보이지 않게 넣는다. 물론 수집하는 물건이나 장식품은 눈에 보이도록 진열하여 힐링 포인트를 만들되, 다른 생활용품과 뒤섞이지 않는 것이 좋다.

    침실에 있는 화장대의 물건들도 내부로 수납하는 것이 좋지만 기초 화장품과 같이 꺼내두는 게 편한 것들은 바구니에 담으면 된다. 면봉, 머리끈, 화장품 샘플과 같이 작은 물건이 많다면 미니 서랍, 미니 정리함을 추가해도 유용하다. 매일 사용하는 드라이기를 꺼내고 다시 넣는 게 번거롭다면 개별 전원 콘센트에 코드를 꽂아둔 채 바구니에 담으면 된다. 눈에 띄지 않는 화장대 측면이나 하부에 드라이기 거치대나 드라이기를 걸 수 있는 고리를 부착하면 더 깔끔하고, 사용과 정리가 간편하다.

▲ 침대 하부 도어 수납장　　　　　　　　　▲ 침대 옆 화장대 & 서랍장

▲ 미니 서랍, 라탄 바구니　　▲ 화장대 위 서랍함　　　▲ 선반 위 화장품 정리함, 데스크 오거나이저

 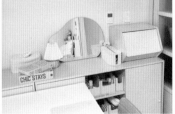 

▲ 낮은 트레이, 미니 휴지통,　　▲ 수납장 위 공간 박스, 오픈 선반 트레이　　▲ 화장대 옆 공간 박스, 위 라탄 바구니
　드라이기 거치대

▲ 바구니에 담기　　　▲ 하부 선반에 거치대 및 바구니 두기　　　▲ 이동식 트롤리에 담기　　　▲ 가구에 거치대 부착하기

　　좁은 집에서 수납공간을 확보하기 위해 사용하는 수납형 침대의 벙커 공간에는 계절 지난 옷이나 여분의 이불, 이사할 때까지 꺼낼 필요 없는 큰 짐을 보관한다. 서랍에는 부족한 옷방 수납을 보완해서 이너웨어, 양말, 홈웨어를 수납하기 적절하다. 서랍장은 내부가 한눈에 다 보이기 때문에 찾아 꺼내기 편해서 거실장을 대신해 의약품이나 생활용품을 수납해도 좋다. 또한 침대에서 자주 사용하는 전자기기와 충전기, 책이나 안마용품 등을 수납하면 꺼내 쓰고 바로 넣어두기 편하다. 원룸의 경우 침대 옆에서 좌식 테이블을 사용한다면 테이블에서 사용하는 노트북, 스터디용품, 취미용품을 수납해 두면 된다. 수납형 침대가 아니라면, 프레임 하부 높이에 맞춰 #언더베드리빙박스 #언더베드정리함을 활용해 수영복, 스키복 등 계절 지난 옷이나 이불을 보관할 수 있다.

▲ 서랍, 벙커 수납 침대　　　▲ 리프트업 수납 침대　　　▲ 침대 하부 보관함

▲ 침대 하부 언더 베드함 + 스커트 매트리스 커버　　　　　　　　▲ 모션베드 하부 이불 정리함

　잠들기 전 벗은 안경이나 핸드폰 충전기 등 침대에 두어야 편한 것이 있다. 그래서 침대 옆에 멀티탭과 협탁을 두거나 콘센트, USB를 꽂을 수 있는 침대 프레임을 사용하기도 한다. 이때 머리 위에 전자제품 선이 너무 많으면 산만하고, 침실 무드를 해칠 뿐 아니라 편안한 휴식도 방해한다. 멀티탭 선은 최대한 눈에 띄지 않도록 침대와 맞닿은 벽을 따라 이동시키고, 눈에 띄지 않는 침대 하부에 넣거나 보관함 사용을 권장한다. 바닥에 두는 게 사용하기 불편하다면 보관함에 담아서 헤드보드에 올리거나 침대 측면에 부착하면 눈에 띄지 않고 사용하기도 편하다. 협탁에 둘 때는 선반 위에 올리지 말고 협탁 내부에 넣거나 협탁 하부 또는 뒤쪽에 고정하는 편이 좋다. 눈에 띄는 자리에 둬야 한다면 장식품으로 가리거나 바구니에 넣는다.

▲ 침대 측면에 멀티탭 부착하기　　　▲ 멀티탭 보관함에 담기

▲ 패브릭으로 멀티탭 가리기　　　　　　　　　　▲ 라탄 바구니에 멀티탭 담기

① 의류

옷걸이를 한 가지로 통일하고, 한 방향으로 거는 것만으로 훨씬 깔끔해진다. 옷 모양이나 색이 각양각색이므로 옷걸이는 차분한 모노톤을 추천하고, 옷이 흘러내리지 않는 #논슬립옷걸이를 사용하면 편하다. 옷장에는 대개 긴 옷을 걸 수 있는 전용 칸이 있지만, 행거를 쓸 때는 하부의 봉 높이를 조절해서 원피스나 롱코트처럼 긴 옷을 건다. 그 외 상의는 상부에, 하의는 하부에 걸어두는 것을 기본으로 한다. 조금 더 품을 들이자면 두꺼운 상의는 한쪽 팔을 접어 넣는 것이 더 깔끔해 보이고 바지는 밑단을 집게로 집으면 바지 라인을 자연스럽게 살릴 수 있다. 계절에 따라 옷을 교체하여 걸면 공간을 쾌적하고 넓게 쓸 수 있다. 만약 옷을 따로 수납할 장소가 마땅치 않거나 계절에 맞춰 옷을 교체하는 것이 번거롭다면 사용하기 불편한 공간을 활용하자. 코너 영역과 같이 상대적으로 꺼내기 불편한 자리에는 계절 지난 옷을, 꺼내기 편한 곳에는 계절에 맞는 옷을 걸었다가 옷걸이의 위치만 바꾸어도 된다. 깊이가 깊어서 불편한 옷장 내부 선반도 안쪽에는 계절 지난 옷을 보관하고, 앞쪽으로는 지금 입는 옷을 두는 방식으로 활용하면 된다. 옷장 내부 깊은 곳까지 지금 입는 옷을 수납해야 할 경우 #옷장정리서랍장 #옷장정리수납함 #슬라이딩옷정리 등 옷장 크기에 맞는 수납함을 넣어두면 안쪽에 있는 옷까지 꺼내기 수월하다.

옷을 정리할 때는 처음부터 계절별로 분류하는 것이 좋다. 크게는 겨울, 여름과 간절기(봄·가을)를 아우르는 옷으로 나누고 그 안에서도 길이나 색감이 비슷한 옷을 가까이 모아둔다. 비교적 길고 두꺼운 옷을 가장자리에 정리하고, 어두운 컬러에서 점차 밝아지는 순서로 정리하거나 무채색과 컬러 옷을 분리해서 걸면 찾기도 쉽고 정돈되어 보인다. 상의, 하의 분류뿐만 아니라 계절별, 컬러별 정리는 선반 및 서랍장에 정리하는 옷에도 적용된다. 서랍장은 옷을 세로로 세워 넣으면 뒤져볼 필요 없이 한눈에 확인할 수 있다. 홈웨어나 이너웨어, 양말, 스타킹 등 부피가 적은 것들은 분류해서 서랍에 담으면 편하다. 양말 정리함, 속옷 정리함, 티셔츠 전용 정리함 등 전용 정리함을 사용하면 더 깔끔해 보이지만, 매번 정리해 넣는 것이 번거로울 수 있다. 깔끔해 보이기 위해 수고로움을 감내할 자신이 없다면 정리용품에 얽매이지 않고 분류만 잘해도 충분하다.

▲ 옷걸이　　▲ 바지걸이(집게형, 논슬립형)　　▲ 걸이형 옷장 정리함　　▲ 슬라이딩 수납장

② 패션잡화

가방이나 모자와 같은 패션 잡화는 옷방에 함께 둬야 편하고 가구를 추가하지 않더라도 작은 아이디어와 정리용품으로 해결할 수 있다. 옷장과 행거 하부 남는 공간에 리빙 박스 정리함을 추가하거나 옷장과 수납장 도어 안쪽 또는 측면에 #부착형후크를 부착하면 패션 잡화를 정리하기 충분하다. 옷장 문 안쪽에 설치하거나 부착해서 활용할 수 있는 #옷장액세서리 #옷장소품정리 상품과 옷걸이처럼 봉에 걸 수 있는 #넥타이걸이 #가방걸이 #모자걸이 등 전용 제품도 있다.

붙박이장이 아닌 이상 옷장은 대개 규격이 정해져 있어 배치하고 나면 벽과 옷장 사이에 틈새 공간이 생긴다. 행거도 마찬가지다. 행거를 설치하고 나면 천장의 커튼 박스나 몰딩 때문에 여백이 생긴다. 이처럼 옷장이나 행거 옆에 생긴 틈새에는 바퀴 달린 이동식 선반을 넣어 패션잡화를 정리할 수 있다. 접이식 테이블, 다리미판, 빨래 건조대 등 자리가 애매한 물건을 두기에도 좋다. 옷장은 가구 상부 여백을, 행거는 하부 여백을 활용해서 이불 보관함이나 수영복, 스키복, 계절 지난 옷을 담은 리빙 박스를 둘 수 있다. 특히 행거는 둘 수 있는 짐 크기에 제약이 없는 편이라 여유 자리만 있다면 선풍기, 캐리어 등 큰 짐까지 보관할 수 있고, 커튼으로 가려두면 깔끔하다. 일반 수납장도 내부에 옷 봉이나 선반을 추가하면 여분 옷은 물론이고, 패션 잡화를 정리하기에 유용하다.

방문 위, 가구와 가구 사이 자투리 공간에 압축봉을 설치하고 고리를 추가하거나 벽에 꼭꼬핀만 꽂아둬도 모자나 벨트를 걸어 둘 수 있다. 방문에 문걸이 후크를 걸거나 방문 뒤 벽에 벽걸이 행거를 설치해서 패션 잡화를 걸어도 좋다.

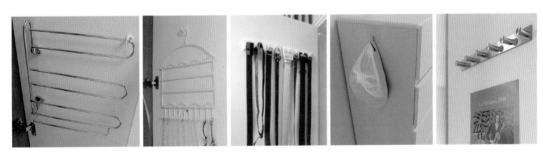

▲ 옷장 도어 내부 액세서리 걸이　▲ 옷장 액세서리 걸이　▲ 가구 내부 또는 측면 다용도 걸이 활용

▲ 문걸이 후크　　　　▲ 스카프 걸이　　▲ 모자걸이　　▲ 가방 걸이　　▲ 가방 정리함

253

▲ 압축봉 + S걸이

▲ 부착형 브라켓 + 압축봉 + 회전 집게

▲ 수납장 압축봉 추가

▲ 타공벽 활용

▲ 옷장 옆 여백 틈새 선반 추가 및 옷장 위 정리함 추가

▲ 옷장 내부 정리함

③ 옷방 활용

옷방은 옷을 정리한 것만으로는 깔끔히 유지하기가 어렵다. 입었던 옷이나 벗은 잠옷, 들고 다니는 가방, 편의점 갈 때 잠깐 걸칠 외투를 아무데나 두지 않는 것이 중요하다. 옷은 제자리에 걸고, 잠옷도 개는 것이 좋지만, 바쁜 아침에 준비하면서 바닥에 벗어던지고 그대로 외출하는 경우가 많을 것이다. 하지만 이러면 돌아왔을 때 쾌적한 기분을 누리기 어렵다. 그래서 #스탠드행거 #폴행거와 같이 편하게 걸고 벗어둘 자리를 마련하면 바닥에 옷이 뒹구는 상황을 피할 수 있다. 더구나 손님이 방문했을 때도 외투나 가방을 정갈하게 두는 자리가 된다. 편리함이 우선이라면 방문과 가깝게 두고, 깔끔함이 우선이라면 방문 밖에서 보이지 않는 사각지대나 옷장이나 행거 옆 눈에 띄지 않는 자리에 두면 된다.

공간이 협소할 땐 옷장이나 행거 일부분을 입었던 옷을 걸 자리로 지정한다. 자리를 차지하지 않는 #도어걸이 #도어행거 #문걸이행거 #벽걸이행거를 문 뒤에 활용해도 좋다. 사실 벗어둔 잠옷을 그냥 넣어 둘 바구니만 하나 둬도, 바닥에 옷이 굴러다니지만 않아도 최소한 지저분해 보이지는 않는다. 또 다른 간편한 방법으로 손님용 여분 의자나 스툴을 옷방에 둘 수 있다. 벗은 옷을 의자에 걸치거나 높은 위치의 옷을 꺼낼 때 밟고 올라설 수 있고, 앉아서 스타킹이나 양말을 편하게 신을 수 있어서 유용하다. 의자에 옷을 쌓아 두는 걸 추천할 순 없지만 이렇게 자리가 정해지는 것만으로도 조금 더 깔끔해지기 때문에 당장 실천할 수 있는 쉬운 방법으로 습관을 개선해 나가면 된다.

스타일러나 다리미, 섬유 탈취제, 돌돌이 테이프와 같이 옷과 관련된 것들도 옷방이나 옷이 있는 영역에 함께 두는 것을 우선으로 한다. 부피 큰 스타일러를 둘 자리가 없다면 가까운 동선으로 사용할 수 있는 위치에 둔다. 스타일러에 있는 옷이나 다림질한 옷을 제자리에 두기 위해 방을 이동하는 불편함을 최소한으로 줄이는 편이 좋기 때문이다. 섬유 탈취제나 돌돌이도 옷을 꺼내거나 넣어 둘 때 그 자리에서 바로 사용할 수 있어야 편하다.

▲ 옷장 옆 스타일러

▲ 가구 옆 스탠드 행거

▲ 2인 스탠드 행거

▲ 가벽 뒤 스탠드 행거

▲ 거울 행거, 도어 걸이

▲ 도어 걸이

▲ 원목 행거, 스팀 다리미

▲ 코트랙, 스툴

① 책상과 책장

책상 위에는 사무용품뿐만 아니라 지갑, 휴대폰, 충전기, 화장품 등 잡동사니를 늘어놓기 쉽다. 책상이 산만하면 집중하기 힘들고 사용할 수 있는 영역이 좁아져 불편하니 평소에 정리하는 습관을 들이는 것이 좋다. 책상에서 자주 사용하는 물건은 앉은 자리에서 손만 뻗어도 꺼내고 넣기 쉬운 자리에 둔다. 서랍이 있는 책상이라면 서랍에 필기류, 지류 등 작은 문구류를 넣어 두고 화장대를 겸한다면 화장품을, 취미 활동을 한다면 취미용품을 서랍에 보관하는 것이 편하다. 서랍 내부는 칸막이 트레이나 화장품 상자, 휴대폰 상자를 활용해서 물건이 뒤섞이거나 굴러다니지 않게 정리해야 찾기 쉽다. 서랍이 없는 책상이라면 책상 위에 #미니서랍 #책상정리함 #데스크오거나이저 #서류보관함을 올려 두거나 책상 상판 하부나 책장 등 가구에 부착하는 #히든서랍으로 작은 문구류를 정리할 수 있다. 여닫을 필요가 없는 바구니를 활용해 잡동사니를 넣어 두기만 해도 책상 위를 깔끔하게 유지하기 쉽다. 또 #미니휴지통을 둬도 유용하다.

모니터는 평균적으로 23~27인치를 많이 사용하는데 높이가 낮으면 고개가 숙여지고 바른 자세를 유지하기 어렵다. 반대로 너무 높아도 눈이 쉽게 피로해지므로 #모니터받침대 #모니터암을 활용해서 적절한 눈높이를 맞추는 게 업무 효율을 높이고 자세에 도움이 된다. 작은 서랍이 있거나 핸드폰 무선 충전이 되는 모니터 받침대를 활용하면 어수선함을 줄일 수 있다. 모니터암을 활용하면 모니터 위치 조절이 쉽고 책상 위를 더 넓게 사용할 수 있는 장점이 있다.

▲ 모니터 받침대, 지류 정리함 외   ▲ 모니터암, 데스크 오거나이저 외   ▲ 미니 서랍, 서랍 정리 트레이 외

책장에 책을 정리할 때는 주제에 따라 분류하고, 그중에서 높이와 컬러가 비슷한 책을 응집하는 것이 규칙적이고 깔끔해 보인다. 두껍고 큰 책은 하부 칸에 정리하는 것이 안정감 있고, 높이가 높은 것부터 낮은 순으로 줄 세우는 것보다 양쪽 가장자리에 높은 책을 남겨 중앙으로 낮아지는 V자 형태가 안정감 있다. 이때 모든 칸을 동일하게 V자로 맞추기보다는 일부 여백을 남겨 작은 화분, 사진 액자, 시계 등 소품을 두거나 책을 가로로 쌓아 올리는 연출을 하면 훨씬 여유 있어 보인다. 깊이가 다른 책들은 앞 라인을 맞추면 더 깔끔하고, 깊이가 깊은 책장은 읽었던 책이나 자주 들여다보

지 않는 책을 뒤쪽에 두고, 자주 읽는 책을 앞에 둔다. 책 외의 물품은 정리 바구니에 담아서 정리하고, 책상과 맞닿는 책장에 사무용품들을 두면 책상을 더 넓게 활용할 수 있게 된다. 팸플릿, 브로슈어, A4용지와 같은 지류는 #클리어파일 #L홀더에 모아서 꽂아두면 깔끔하다. 측면이 오픈된 책장은 북엔드나 무거운 장식품으로 책이 넘어지지 않게 고정하면 된다.

▲ 책, 잡화, 장식품 함께 배치

② **책상 주변**

책상 서랍을 구매할 경우 책상과 같은 제품으로 통일할 수도 있지만 좀 더 저렴한 트롤리나 철제 서랍, 플라스틱 서랍도 충분하다. 대부분 서랍보다 책상 깊이가 깊다 보니 서랍장이 안으로 밀려 들어가 사용하기 어려워지기도 한다. 이 경우 서랍 뒤쪽에 컴퓨터 본체나 멀티탭 보관함 등을 두어 서랍이 뒤로 밀리지 않게 고정할 수 있는데 보관용 짐을 담아둔 리빙 박스를 두어도 좋다. 측면이 산만하게 노출된다면 패브릭, 합판을 부착하거나 케이블 타이로 철제 타공판을 고정해서 가려두면 깔끔하다.

좁은 공간에 더 많은 수납이 필요할 땐 책상 밑에 낮은 책장이나 선반을 추가해서 사용 빈도가 낮은 책이나 서류, 둘 자리가 마땅하지 않던 프린터, 파쇄기 등 데스크 가전을 둘 수 있다. 책상 하부는 눈에 띄지 않아 공간이 답답해 보이지 않는다. 책장은 일반 수납장보다 깊이가 좁아 수납에 제약이 있을 수 있으므로 수납할 물건이 다양하다면 일반 수납장이 더 유용할 수 있다. 수납하려는 것들이 무거운 편이 아니라면 가벼운 플라스틱이나 패브릭 수납장을 활용할 수 있고, 비용을 줄이려면 공간 박스나 조립식 선반을 활용하면 좋다. 이때 주변 가구와 컬러 톤을 맞추는 것이 좋다.

책상 주변에는 컴퓨터, 공유기, 프린터, 파쇄기 등 사무와 관련된 기기의 선과 스탠드 조명, 핸드폰 충전기 등 책상에서 머무르는 동안 사용하는 전기선이 많다. 사용할 기기들의 위치부터 정하고 선들이 서로 엉키지 않게 각각 정리한 뒤 같은 종류별로 묶는다. 전선 정리를 검색하면 #케이블타이 #전선타이 #벨크로타이 #전선클립 #벨트타이 등 다양한 종류의 제품이 나온다. 전자기기를 살 때 충전기에 묶여 있던 철끈(철사 끈)을 버리지 않고 모아 두면 선을 정리할 때 요긴하다. 멀티탭에 꽂아둔 플러그는 필요에 따라 꽂고 뽑을 때 헤매지 않도록 네임택을 붙여 두면 좋다. 멀티탭은 바닥에 두는 경우가 많은데 책상에 여유가 있다면 멀티탭 보관함에 담아 책상 위에 두는 것이 사용하기 편하다. 특히 바닥까지 선들이 내려오지 않아서 더 깔끔해 보이고 바닥 청소도 편해진다. 책상 위가 복잡하다면 책상 상판에 고정하는 #멀티탭거치대를 활용하거나 #부착식멀티탭거치대 #실리콘양면테이프로 책상 상판 하부나 책상 다리에 붙이는 방법도 있다.

▲ 측면 타공판(케이블타이 고정) ▲ 서랍 뒤 신발 박스로 고정 & 패브릭으로 가리기   ▲ 측면 벨크로 패브릭 부착

저상형 침대와 맞닿는 책상 좌측 하부는 책상 프레임과 같은 블랙 컬러 타공판으로 막아 안정감을 더했다. 하부에는 선반을 추가해서 쓰레기통, 파쇄기, 프린터를 올리고 지류를 정리할 수 있게 했고, 멀티탭을 둔 우측 코너는 패브릭으로 가렸다. 침대와 책상을 배치하고 남은 여백에 폭 좁은 블랙 선반과 서랍장까지 추가해서 좁은 공간을 알차게 활용했다.

▲ 서랍 책상, 하부 책장　　　▲ 모션데스크 하부 수납장, 공간 박스, 책상 옆 타공 가벽

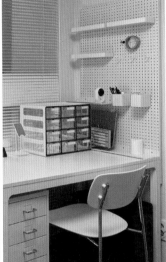 

▲ 합판으로 책상 서랍 뒤 여백 가리기　▲ 철제 서랍, 수납함, 타공 보드　　▲ 책상 서랍, 모니터 받침대, 타공 가벽

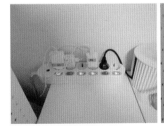 

▲ 책상 위 멀티탭 가리기　　　　　　　　　　　▲ 책상 하부 멀티탭 피스 고정

① 신발 수납

현관은 집에 들어설 때 가장 처음 맞이하는 곳인 만큼 정갈하고 깨끗해야 집에 대한 긍정적인 첫인상이 생긴다. 현관 바닥에 신발이 여러 켤레 꺼내져 있다면 손님뿐만 아니라 매일 집을 드나드는 자신조차 쾌적한 기분을 느낄 수 없고 발 디딜 틈이 없어 불편할 것이다. 기존의 신발장만으로 부족하다면 신발장 옆으로 수납을 추가 확보하는 것이 좋은데 꼭 신발장, 수납장과 같은 가구일 필요는 없다. 여유 공간이 있는 현관에는 낮은 선반을 추가해서 자주 신는 신발 위주로 정리하고 신발을 신고 벗을 때 앉을 수 있는 벤치로 사용하면 편하다. 좁은 현관에는 #틈새신발장 #슬림신발장 #좁은현관신발장으로 검색해서 면적을 적게 차지하는 제품을 둘 수 있다. 낮은 신발장 위에 추가 선반이나 신발 정리함을 두면 신발을 정리할 수 있는 곳이 늘어난다. 신발이 노출되지 않는 수납장이 깔끔하겠지만 예산을 줄이기 위해 저렴한 오픈 선반을 추가했다면 패브릭으로 가려도 된다. 현관에 추가할 자리가 전혀 없다면 실내 공간 중 현관과 가까운 영역에 신발장을 추가하거나 현관문에 부착하는 #신발거치대를 활용하면 된다.

수납을 추가 확보하지 않더라도 신발 정리대를 활용하면 같은 공간에 더 많은 수납이 가능하다. 정리대를 사용하는 것도 여의치 않다면 신발의 앞뒤를 지그재그로 넣으면 여유가 생긴다. 또 신발장 내부에 마련된 소화기나 우산을 두는 자리에 플라스틱으로 된 오픈형 #신발정리선반을 넣으면 신발을 더 수납할 수 있다. 자리를 잃은 우산은 현관에 우산 거치대를 두거나 신발장 도어에 #부착식걸이, 현관문에 #자석형우산거치대를 두면 자리를 차지하지 않고도 해결할 수 있다. 샌들이나 슬리퍼와 같이 높이가 낮은 신발은 부피가 작아서 커피 테이크아웃 캐리어나 신발 박스에 넣어 위아래로 두 켤레를 정리할 수 있다.

반대로 신발장 내부에 수납공간이 남을 땐 화장실과 가깝다면 화장실 청소용품을, 주방과 가깝다면 주방 청소용품을 수납한다. 또, 집을 수리할 때 사용하는 공구나 도구, 종이가방이나 장바구니를 넣어 두기도 적절하다.

▲ 선반 추가

▲ 틈새 신발장 추가

▲ 부착식 신발 거치대 활용

▲ 우산 자리에 신발 정리 선반 추가 　　　　　　▲ 자석형 우산 거치대　　　▲ 신발 앞뒤로 정리

② 출입 물건 자리

　외출 시 챙겨야 하는 물건이나 집에 돌아온 후 손에 들고 있던 물건을 올려 둘 자리를 마련하면 식탁이나 소파에 물건을 두는 습관을 고칠 수 있다. 현관에 차 키나 음식물 쓰레기 배출 카드 등 나가는 동선에 따라 챙길 것들을 둔다면 나갈 때 찾아 헤매지 않고, 돌아와서도 바로 정리할 수 있다. 외출 전 점검할 수 있는 거울이나 섬유 탈취제, 향수, 마스크도 현관에 두면 좋다. 또 택배를 뜯을 칼이나 가위, 박스 테이프도 현관에 있으면 유용하다. 오픈 선반이 있는 신발장은 오픈 영역에, 낮은 신발장은 그 위에 물건을 올려 둘 자리를 만들면 된다. 키 큰 신발장이나 붙박이 신발장 내부에 넣기엔 매번 문을 여닫는 불편함이 있어서 #틈새수납 #패브릭수납장 같은 저렴하고 가벼운 수납 도구를 추가하는 것이 편하다. 현관 근처에 분리수거함이나 빨래 바구니를 둘 경우 그 위를 출입 물건 자리로 정하면 된다. 깔끔하게 신발장 옆 라인을 맞춰 배치하거나 동선에 방해되지 않는 위치와 크기를 선택한다. 공간이 좁아서 자리가 마땅치 않다면 현관문에 부착하는 #자석선반 #자석수납 #자석후크나 신발장 옆에 붙이는 고리나 선반으로 해결할 수 있다. 고리나 자석을 대신해서 월 포켓을 걸어두면 지로용지나 우편물을 넣는 자리도 된다.

▲ 자석형 마스크 걸이와 수납함 　　　　　　　　▲ 신발장 오픈 선반 바구니, 부착형 슬리퍼 거치대

▲ 분리수거함, 패브릭 수납장

▲ 공간 박스

▲ 코너 선반

▲ 분리수거함, 차 키 트레이

▲ 빨래 바구니, 부착형 걸이

▲ 분리수거함, 부착형 걸이

▲ 거울 수납장, 타공판 걸이

7 화장실

① 화장실 수납

화장실에는 씻을 때 사용하는 용품들과 수건 외에도 보디로션, 면도기, 제모 크림, 여성용품, 여분의 휴지, 청소용품 등 생각보다 많은 것들을 두게 된다. 세안 후 바로 바르는 기초 스킨케어 화장품까지 화장대 대신 화장실에서 바로 사용하는 사람들도 많다. 가로로 길고 넉넉한 수건장이 있다면 수건장 내부에 화장품을 두고 #미니서랍 #정리수납함을 추가해서 면봉, 머리 끈, 치간 칫솔과 같이 작은 것들을 수납하면 된다. 하지만 장 내부가 좁다면 수건장 옆면에 설치하는 #욕실틈새선반을 활용할 수 있다. 그 외에도 #변기위수납선반 #세면대선반 #욕실선반 #욕실코너선반을 검색해보면 화장실 내 무타공으로 설치할 수 있는 다양한 종류의 선반이 나온다. 물때가 생기지 않도록 공중에 매달 수 있는 홀더 거치대는 #샴푸거치대 #샴푸디스펜서 #욕실디스펜서로 검색하면 된다. #부착형쓰레기통 #벽걸이쓰레기통으로 쓰레기통까지 공중 부양이 가능하다. #칫솔걸이 #치약걸이 #면도기걸이도 타일 벽이나 거울에 부착할 수 있는데 변기와 떨어진 위치에 두거나 칫솔모가 노출되지 않는 것이 위생적이다. 전기를 연결해 쓰는 칫솔살균기를 사용할 땐 수건장 상부나 하부를 따라 전선을 깔끔하게 정리하고, 전선을 꽂아 두는 게 불안하거나 보기 싫다면 충전형을 사용한다. 화장실 문을 열었을 때 눈에 띄지 않는 변기 옆 벽면이나 세면대 하부 벽면, 화장실 문 뒤쪽 벽면 등 사각지대에는 #조리기구걸이 #부착형걸이 #부착형고리를 부착하여 화장실 청소용품을 걸어두면 깔끔하다. 부착형 대신 변기와 벽 사이에 미니 압축봉을 설치해서 S고리를 추가해도 된다.

드라이기는 머리카락이 많이 날려서 화장실에서 사용하는 사람도 있고, 화장실이 덥고 습해서 화장대에서 사용하는 사람도 있다. 화장실에서 사용할 경우 수건장에 수납공간이 있다면 넣어 둘 수도 있지만 #드라이기거치대를 설치하면 사용하기 더 편하다. 깔끔하게 드라이기만 거치하는 제품부터 빗, 고데기까지 함께 정리할 수 있는 제품 등 종류가 다양하며 무타공으로 설치가 가능하다. 이렇게 화장실 거울이나 매끈한 타일 벽은 부착 상품을 활용하기 좋은 편이라 무타공으로 활용할 수 있는 정리용품이 다양하다. 테이프 형태의 접착 상품은 붙일 표면을 깨끗하게 정리하고 부착한 뒤, 아무것도 걸지 않은 상태에서 평균 1~2일 후에 사용하길 권장한다. 부착 후 바로 물건을 거치하면 쉽게 떨어질 수 있으니 각 상품마다 요구하는 시간을 지켜야 한다. 접착 상품은 울퉁불퉁한 질감이 있는 타일에는 부착력이 낮으므로 실란트픽스 접착제를 발라서 붙이고 건조되는 동안 테이프로 고정하면 된다. 건조 시간을 잘 지키면 타공만큼이나 튼튼하게 고정되는 편이고, 떼어 낼 때는 벽면과 제품 사이 틈에 날카로운 것을 끼워 넣은 후 툭툭 치면 된다.

▲ 수건장 옆 틈새 선반   ▲ 드라이기 거치대   ▲ 부착형 거치대

▲ 치약 디스펜서   ▲ 칫솔 거치대   ▲ 휴대폰 방수 거치대, 흡착기 샤워기 홀더

▲ 미니 서랍   ▲ 부착형 선반   ▲ 변기 선반

▲ 압축봉 + S고리   ▲ 부착걸이 + S고리   ▲ 부착 후크   ▲ 흡착식 휴지통

화장실에서 사용하는 것들을 꼭 화장실 내에 두지 않아도 된다. 좁고 습한 내부 대신 화장실 문에 #문걸이선반을 걸고 수건이나 휴지, 드라이기 등을 수납하기도 한다. 주로 화장실 문 앞쪽으로 걸기 때문에 물건이 노출되어 자칫 산만할 수 있지만, 수건의 컬러만 통일해도 깔끔해진다. 화장실 문 근처에 활용할 수 있는 공간이 있다면 작은 수납공간으로 꾸려 화장실에서 사용하는 여분의 생필품을 보관하면 편하다. 빨래 바구니도 세탁실이나 옷방에 두기도 하지만 화장실 앞에 두는 것도 편하다. 이때 바퀴가 달린 이동식 빨래 바구니를 활용하면 이동하기 편하다. 눈에 띄는 자리에 둘 때는 통풍이 되면서 내용물이 노출되지 않고 깔끔해 보이는 디자인을 추천한다.

▲ 문걸이 선반　　▲ 문걸이 거울 선반　　▲ 슬림 빨래 바구니　　▲ 수납 빨래 바구니　　▲ 3단 빨래 바구니

② 화장실 개선

화장실에서 불편한 부분은 보완해야 생활이 편하다. 예를 들어 수건장에 수건을 고정하는 바가 없어서 수건을 넣고 꺼낼 때 옆에 있는 수건이 같이 떨어진다면 수건장 내부에 미니 압축봉을 설치해서 잡아줄 수 있다. 수건장이 가로로 길어서 수건이 쓰러지는 게 불편하다면 책장에 쓰는 북엔드로 받쳐도 좋다. 필요에 따라 부부 각자의 수건걸이를 활용하고 싶다거나 아이 키 높이에 맞는 수건걸이가 필요하다면 #부착형수건걸이로 해결할 수 있다.

▲ 수건 고정을 위한 압축봉 설치　　▲ 북엔드 & 내부 가로 선반 추가　　▲ 부착형 수건걸이

화장실 문턱이 낮아서 욕실 바닥과 단 차이가 적으면 문을 여닫을 때 슬리퍼가 걸려서 방해된다. 보통 화장실 문 가까운 벽면에 욕실 슬리퍼 거치대를 부착해서 해결하기도 하는데 슬리퍼를 매번 거치대에 끼웠다가 꺼내는 것도 불편한 일이다. 이런 경우 문이 열리는 영역까지 슬리퍼 없이 들어갈 수 있도록 물에 강한 소재의 #욕실발판을 깔아두면 문을 편하게 여닫을 수 있다. 욕실 발판 덕분에 문 바로 앞에 있는 변기나 세면대를 슬리퍼 없이 사용할 수 있어서 오히려 더 편하다. 전체 면적에 물 빠짐이 가능한 #욕실미끄럼방지발판을 설치하면 미끄럼에 대한 안정성을 높일 수 있는데, 욕실은 물때가 생기는 장소인 만큼 유지 관리가 편한 제품으로 선택한다. 화장실이 2개일 때 하나는 건식으로 사용하기 위해 데크 타일을 깔기도 하는데, 건식이라도 습기 때문에 우드 재질 타일은 권장하지 않는다.

세면대 거울이나 수건장, 변기, 선반에 수납한 욕실용품까지 물이 튀는 것을 방지하면 화장실을 쾌적하게 유지할 수 있다. 전월세집이라면 샤워부스를 공사하지 않고도 저렴하고 시공 작업이 간편한 #욕실파티션 #샤워파티션 #욕실가벽을 설치할 수 있다. 욕실 파티션은 투명 또는 반투명이 적절한데 물에 약한 우드나 녹이 생길 수 있는 소재는 피하고, 습기에 강한 알루미늄 프레임에 유리보다 깨질 위험이 적은 폴리카보네이트로 된 파티션을 활용한다. 파티션을 검색하면 설치 시공이 필요한 제품들 위주로 나오는데 '페인트포' 사이트에서 철제 파티션을 검색하면 언급한 제품이 나온다. 높이 조절 레벨러가 있어서 누구나 간편하게 설치 가능하고, 레벨러 부분에 녹이 생길까 걱정된다면 방수, 부식 방지를 위한 스프레이를 뿌려 준다. 더 저렴하고 간편한 방법으로는 압축봉에 샤워 커튼을 설치하면 되는데 너무 얇은 커튼은 샤워할 때 몸에 달라붙기도 하니 적당히 두께감이 있는 제품이 좋다. 욕조가 있다면 욕조 라인에 맞춰 샤워 커튼을 설치해 샤워 부스로 사용한다. 샤워 커튼을 설치하면 욕실이 조금 더 좁아 보일 수 있어 반투명 커튼을 사용하기도 한다. 화장실의 일부를 건식으로 사용한다면 욕실 바닥에 실리콘으로 부착하는 #욕실물막이를 설치해 건식 영역으로 물이 넘어가는 것을 막을 수 있다. 파티션이나 샤워 커튼만으로 완벽한 건식을 이룰 순 없지만 쾌적한 화장실을 유지하기 훨씬 더 수월해진다.

▲ 욕실 발판   ▲ 일부 건식을 위한 데크 타일, 샤워 커튼, 욕실 물막이

8 다용도실

 흔히 베란다라고 인식하는 발코니 외에도 요즘 신축은 분리된 세탁실과 실외기실, 팬트리가 있는 곳이 많고, 구축에도 수납이 가능한 벽창고가 있기도 하다. 이처럼 생활하는 영역과 분리된 공간이 있으면 선풍기, 온풍기와 같은 계절용품, 가끔 사용하는 캐리어나 야외용품(운동용품이나 캠핑용품 등)처럼 실내에 두기엔 부피가 큰 짐을 보관하는 장소로 제격이다. 특히 주방에서 가까운 다용도실에는 주방 가전을 둘 수 있고, 발코니에는 여분의 생필품을 보관하는 경우가 흔하다. 이때 선반과 리빙 박스, 정리 바구니 등을 활용하면 더 많은 물건을 꺼내기 편하게 정리할 수 있고, 물건이 한눈에 보여서 재고 파악도 쉽다. 정리용품을 따로 구매하지 않더라도 신발 박스, 전자제품 박스 등 생활하다 보면 생기는 상자를 활용해도 충분하다.

▲ 랙 선반, 분리수거함　　▲ 랙 선반, 생필품 보관함　　▲ 랙 선반, 정리 바구니　　▲ 팬트리 정리 바구니

 튼튼하게 활용하기 좋은 철제 #랙선반은 가로, 세로, 높이까지 필요한 규격으로 주문할 수 있고 높이를 원하는 대로 조절할 수 있다. 분리된 기둥을 이어서 하나의 높은 선반을 만들거나 낮은 선반 2개로 분리할 수도 있다. 또 랙 선반은 추가 액세서리를 통해 다양하게 바꿀 수 있다. 예를 들어 커튼봉 세트를 추가해 가리개 커튼을 달면 오픈된 선반을 가릴 수 있고, 행거봉 세트를 추가하면 시스템 행거로 활용할 수 있다. 이외에도 공간과 생활에 따른 활용법이 많다. 일반 선반에 비해 가격대가 있으므로 비용을 투자하기 아깝다면 가격대를 낮춰서 행거처럼 높이와 폭 조절이 가능한 #폭조절선반행거를 고려할 수 있다. 선반의 높이도 조절할 수 있고, 단수가 많은 일반 선반이나 세탁기에 설치하는 제품도 있다. 이보다 저렴하게 구입할 수 있는 #철제선반 #메탈랙 #무볼트앵글선반도 높이 조절이 가능한 제품이고, 이동하거나 접을 수 있는 #이동식철제선반 #폴딩철제선반도 있다. 높이가 고정된 선반이더라도 있으면 무조건 짐 정리에 유용하다. 따라서 책장이나 선반, 서랍장, 옷장 등 필요 없어진 가구는 다용도실에 정리 선반으로 활용할 수 있으므로 가구 처분은 마지막까지 미루는 것이 좋다. 보일러실이나 실외기실에 선반을 추가할 땐 보일러, 실외기를 작동하거나 점검하기에 방해되지 않게 여백을 충분히 남겨야 한다. 거실에서 보이는 발코니나 앞 베란다에 둔 짐은 압축봉에 가리개 커튼을 설치해서 깔끔하게 가리고 커튼을 문처럼 활용하면 된다.

▲ 세탁기 랙 선반, 커튼　　▲ 선반 행거, 커튼　　　　　　　　　　▲ 압축봉 + 가리개 커튼으로 발코니 공간 분리

▲ 세탁실 랙 선반, 가전 수납, 스피드랙 부품 행거봉 세트　　▲ 랙 선반 가전 수납, 스피드랙 부품 커튼봉 세트

▲ 무볼트 앵글 선반　　　　　　　　　　▲ 이동식 폴딩 선반　　　▲ 일반 선반

▲ 서랍장, 책장 →　　▲ 시스템 행거 →　　▲ 책 선반 →　　　▲ 책상 →　　　　▲ 책상 →
　발코니 수납장　　　　발코니 선반　　　　세탁실 선반　　　발코니 서브 주방　　빨래 개는 선반

세탁기를 배치하고 남은 틈새 공간에는 접이식 빨래 건조대나 세탁 세제 등을 정리할 #이동식틈새선반을 두기 좋다. 자석형 고리나 선반, 거치대를 부착하면 세탁망, 여분의 옷걸이, 빨래집게 등을 정리할 수 있으며, 빨래 건조대를 둘 남는 공간이 없다면 무타공 걸이를 활용해서 벽에 걸어도 좋다. 좁은 틈새에는 #틈새빨래바구니나 벽 또는 세탁기에 부착할 수 있는 #접이식빨래바구니를 둘 수 있다. 눈에 띄는 자리에 둘 땐 빨랫감이 노출되지 않고 인테리어 효과를 줄 수 있는 빨래 바구니 햄퍼에 비용을 투자하기도 하지만, 발코니나 좁은 세탁실 등 다용도실에 둘 때는 가성비 좋은 제품을 사용하면 된다. 좁은 공간에 분리 세탁으로 빨래 바구니가 여러 개 필요할 땐 2~3단을 세로로 쌓을 수 있는 제품이 자리를 적게 차지한다. 분리수거함도 마찬가지로 적층으로 쌓는 제품이 공간을 적게 차지해서 주방, 현관, 다용도실 등 원하는 곳에 두고 사용하기 편하다.

▲ 틈새 슬림 빨래 바구니, 접이식 빨래함, 빨래 건조대 거치　　　　　　　　　　▲ 부착형 걸이, 빨래 건조대

▲ 이동식 틈새 선반　　▲ 적층형 빨래 바구니 및 분리수거함　　　　　　▲ 이동식 빨래 바구니

▲ 세탁기 옆 틈새 활용 : 자석 고리, 자석 선반

self HOME STYLING (셀프 홈 스타일링)

초 판 발 행	2024년 08월 08일
발 행 인	박영일
책 임 편 집	이해욱
저 자	심지혜
편 집 진 행	박유진
표 지 디 자 인	김도연
편 집 디 자 인	김지현 · 김세연
발 행 처	시대인
공 급 처	(주)시대고시기획
출 판 등 록	제 10-1521호
주 소	서울시 마포구 큰우물로 75 [도화동 538 성지 B/D] 6F
전 화	1600-3600
홈 페 이 지	www.sdedu.co.kr

I S B N	979-11-383-7265-7(13590)
정 가	20,000원

시대인은 종합교육그룹 (주)시대고시기획 · 시대교육의 단행본 브랜드입니다.